黄健敏 著

贝聿铭建筑十讲

U0222220

江苏凤凰科学技术出版社

前言

历岁逾年
笔耕大师贝聿铭

1989 年 9 月 1 日，贝聿铭将其事务所的名称由他本人挂名的状态，另外增添了两位合伙人的名字，从此，1955 年创立的贝聿铭及合伙人建筑师事务所（I. M. Pei & Partners）成为历史，贝考弗及合伙人事务所（Pei Cobb Freed & Partners Architects）[1] 为公司开启了事业上崭新的一页，同时也为贝聿铭于次年宣布退休埋下伏笔。1990 年，由卡特·威斯曼（Carter Wiseman）所著的《贝聿铭——一个美国建筑的侧写》（*I. M. Pei - A Profile in American Architecture*）一书适时出版，为贝聿铭建筑生涯做了精彩的阶段性总结。但是贝聿铭退而不休，携 1989 年为卢浮宫博物馆精彩设计的卓越美誉，他以建筑师贝聿铭（I. M. Pei Architect）的名义驰骋于世界各地，从欧洲、中东、亚洲到美国，莫不有新的作品相继完成，其中以他最擅长且知名的美术馆及博物馆一类建筑占了主流。

1995 年 4 月，中国台湾艺术家出版社出版了我撰写的《贝聿铭的世界》一书，收录了贝聿铭 5 个美术馆作品。当年我构思了系列性的丛书，计划完成《贝聿铭的艺术世界》《阅读贝聿铭》《贝聿铭·东方情》《贝聿铭的建筑世界》等书，1997 年 6 月《阅读贝聿铭》简体中文版发行。而另外两本书搜集文献资料的工作也在始终进行着，但至 21 世纪初，一项任

1　贝聿铭与合伙人在 1955 年共同创办了"贝聿铭及合伙人建筑师事务所"，其英文初为"I. M. Pei & Associates"，1956 年更名为"I. M. Pei & Partners"。

务意外地使我整个创作计划为之中断，这就是我第三本书《贝聿铭建筑十讲》推迟到 2018 年才完成的缘由之一。

2008 年 11 月，曾任贝聿铭及合作伙伴建筑师事务所公关主任一职的珍妮特·亚当斯·斯特朗女士（Janet Adams Strong）所著的《贝聿铭全集》（*I. M. Pei: Complete Works*）一书问世。该书实际自 1992 年就开始筹备，她访谈贝聿铭始于 1995 年 4 月 18 日，然而至 1997 年 2 月访谈活动暂停，直到 2007 年 3 月才再次继续展开。此书分别有简体、繁体两个中文版本。由于珍妮特·亚当斯·斯特朗的特殊身份，使得此书囊括许多第一手资料，例如止于设计方案的圆形螺旋公寓（The Helix, New York，1948—1949）一案，堪称是贝聿铭极罕见的理论性的公寓设计，但是与其日后在凯普赛德公司所进行的诸多住宅项目之间没有牵连关系。贝聿铭任职于凯普赛德公司时期，从基浦湾公寓（Kips Bay, New York，1957—1960）至布什内尔广场公寓（Bushnell Plaza, Hartford，CT，1961）等一系列的房地产所最重视的课题是如何节省建造费用并营造美观的环境，这种务实求美的态度，乃是贝聿铭早期作品之所以出类拔萃的关键因素。

自 1990 年贝聿铭宣布退而不休至 2008 年全集出版，18 年间，其相继设计的作品共 15 件之多，其中的毕尔巴鄂大楼（Bilbao Emblematic Building，1990—1992）、雅加达印度尼西亚大港银行大厦（Sentra BDNI，1992—1998）、巴塞罗那凯克萨银行（La Caixa, Barcelona，1993—1998）与雅典古兰德里斯现代艺术博物馆（Basil & Elise Goulandris Museum of Modern Art，1993—1997）并未兴建。而建造完成的 11 件作品内，美术馆及博物馆就占了 6 件，由此更进一步证明了贝聿铭在博物馆设计领域的至尊地位。

2017 年是贝聿铭一百岁诞辰，从年初至年底，世界各地纷纷举办庆祝活动以展示贝聿铭的杰出贡献。哈佛大学设计研究所举办了研讨会，华盛顿国家美术馆举办名为"贝聿铭一百岁"的研讨会，美国国会图书馆在杰斐逊馆举办"贝聿铭一百岁生日展"，苏州博物馆主办"贝聿铭文献展"，广东省注册建筑师协会举办"据道为心其命惟新·回家——贝聿铭岭南建筑作品展"，香港大学建筑学院与哈佛大学设计研究所分别在香港与剑桥举办了"重思贝聿铭百年诞辰研讨会"（Rethinking Pei: A Centenary Symposium），凡此种种，更加激发了我重新撰述贝聿铭专著以续前志的意愿。

　　我第三本有关贝聿铭的中文书的内容应当如何撰写呢？自1955年来至2017年，他的设计作品实在太多，其中影响最为深远的作品可以说有如下四项。美国国家大气研究中心（National Center for Atmospheric Research, Boulder, Colorado, 1961—1967）是贝聿铭脱离了住宅性建筑，迈向真正建筑艺术的启航之作，该案还为他赢得了设计肯尼迪图书馆（John F. Kennedy Library, Dorchster, MA, 1964—1979）与华盛顿国家美术馆东馆（National Gallery of Art, East Wing, Washington D.C., 1968—1978）的机会，前者使得贝聿铭踏入了权贵圈，获得了国际性的声望；后者令他登上职业高峰，此后获得普利兹克建筑奖，开创了事业的新境界。卢浮宫博物馆扩建项目（Grand Lourer, Paris, 1983—1993）则是其建筑美学登峰造极之作，大众与专业人士皆对此赞赏有加。这四件作品不能忽略，纳入本书是理所当然的，但华盛顿国家美术馆东馆及卢浮宫博物馆已纳入《贝聿铭的世界》一书，没有必要重复介绍，因此我原本计划不予采纳。肯尼迪图书馆项目进行了13年之久，基地屡次变更，方案一再更改，其涉及的课题甚广，手边的数据虽然已经不少，但是仍不足以全面、深度地呈现此方案，于是决定日后再撰写相关介绍。参考全集的作品名单后，我决定将贝聿铭1990年以后修建的博物馆全部纳入。书稿撰写期间，华盛顿国家美术馆东馆扩建完成，同时我又发掘了更多的文献，于是决定再次撰写华盛顿国家美术馆东馆一文，以便读者对此卓越作品有更为深入的了解与体验。此外，本书并未收录卢森堡现代艺术博物馆（Musee d'art Moderne Grand-Duc Jean, Kirchberg, Luxembourg, 1994—2006）一案，特此提示。这也是一个耗时长达 12 年的项目，无奈相关信息不够丰富，所以不予纳入。此外，贝聿铭摩天高楼系列中的香港中银大厦，是他职业生涯中最高、最独特的作品，而且我个人曾参与此项目的室内设计达 4 年之久，对之有更深切与详实的体验。权衡之下，就以香港中银大厦取代卢森堡现代艺术博物馆一案。这是《贝聿铭建筑十讲》成书的历程。

对于我所选择撰写的作品，先决条件之一是我必定亲身走访过，毕竟建筑是五感的实境体验。这些建筑留给我太多难以忘怀的回忆：首先要说说两座都依水而建的建筑，初次走访克里夫兰摇滚名人堂时，我不巧遭遇了美国中西部的大风雪，天气酷寒刺骨。而当我到多哈伊斯兰艺术博物馆参观时，却是正值烈日当空的夏季，天气炙热，冷热交替的感受，正如同这两个博物馆给我的完全不同的体验一般。再提提两座远离尘嚣，都位于山巅的建筑，参加滋贺美秀美术馆开幕活动时，我有机会另外走访了不对外开放的教祖殿与钟塔，尔后多次朝圣，增加了对美秀教堂的体验。至美国国家大气研究中心时，我长途登山跋涉，分别在冬夏两季体验到研究中心自然环境的变化多端，均是令人难忘的经历。参观德国历史博物馆与苏州博物馆时，多次旅行途中，有一次恰逢举办展览，终于建筑落成登堂入室，从无到有相隔多年，好似贝聿铭作品从构思到落成的经历，莫不穷年累日。旅行看建筑绝非轻松的行程，但是收获是丰硕的、甘甜的。

原本希望于大师 102 岁生日 4 月 26 日前献上本书作为诚挚的贺寿之意，很遗憾希望落空。贝老已于 2019 年 5 月 16 日辞世矣。

黄健敏

目录

第一讲
世纪大师　建筑师贝聿铭　　　　　　　　008

第二讲
高原美境　美国国家大气研究中心　　　　046

第三讲
适地塑形　华盛顿国家美术馆东馆　　　　068

第四讲
摩天竹节　香港中银大厦　　　　　　　　094

第五讲
几何雕塑　莫顿·梅尔森交响乐中心　　　118

第六讲
活力殿堂　摇滚名人堂与博物馆　　　　　138

第七讲
桃源乡记　美秀美术馆　　　　　　　　158

第八讲
都市剧场　德国历史博物馆　　　　　　184

第九讲
姑苏新韵　苏州博物馆　　　　　　　　202

第十讲
阳光建筑　伊斯兰艺术博物馆　　　　　232

致谢　　　　　　　　　　　　　　　　263

第一讲

世纪大师
建筑师贝聿铭

1935 年 8 月 13 日，柯立芝总统号（President Coolidge）轮船自上海经日本航向旧金山，船上一位十八岁的少年——贝聿铭（Ieoh Ming Pei，俗称 I. M. Pei，1917—2019），憧憬着新大陆的生活，他于 8 月 28 日登陆旧金山天使岛（Angeles Island），接着搭上火车奔赴东岸，璀璨的生涯就此展开，未来的美国梦造就了世纪的建筑大师。

初抵宾夕法尼亚大学（以下简称宾大）的贝聿铭，对于法国学院式强调绘图训练的建筑教育不满，只在宾大停留两周，就转学至麻省理工学院。20 世纪一二十年代，宾大建筑系是培育中国建筑师的摇篮，对中国建筑有极深远的影响 [1]。相对地，以工程学为强项的麻省理工建筑系虽然中国留学生不如宾大多，但他们的专业素养很强，毕业于麻省理工建筑工程系的第一位中国学生关颂声（Sung Sing Kwan，1892—1960）回国后成立了基泰工程司（Kwan, Chu

1935 年贝聿铭初抵美国，于移民署所拍的照片（取材自旧金山国家档案馆）

and Yang Architects），对中国建筑之贡献不可小视。麻省理工的建筑学院创立于 1932 年，威廉·爱默生（William Emerson, 1873—1957）出任首届院长，从上任至任期结束的 1939 年期间，他将建筑学所涉及的领域扩充，增设城市规划系，使得建筑不单只关注设计，还涉及公共政策与社会学等课题。受爱默生的鼓励，贝聿铭从建筑工程领域转至建筑设计专业学习。根据贝聿铭的自述，在校期间他在图书馆自修，从英国出版的《建筑评论》（Architectural Review）杂志中吸取有关旧大陆的新建筑的信息，其中以勒·柯布西耶（Le Corbusier, 1887—1965）的建筑最具新意。"几乎我一半的建筑教育受益于柯布西耶的书。[2]" 1935 年 11 月纽约现代艺术博物馆邀请柯布西耶至美国访问，爱默生院长特地邀请他到波士顿参观，柯布西耶逗留了两天，并在麻省理工学院以"现代建筑"为题发表演讲，"在我的职业生涯中，这是最重要的两天……"贝聿铭如是说 [3]。柯布西耶作品以几何美感与混凝土呈现雕塑感，在贝聿铭作品中可屡见柯布西耶的影响，贝聿铭终生戴着的圆眼镜，就是典型的柯布西耶式眼镜。

1948 年贝聿铭放弃哈佛大学教职，赴纽约加入房地产开发巨头威廉·齐肯多夫（William Zeckendorf）的韦伯纳普公司（Webb & Knapp Inc.）。当时美国政府为了安置战后退役的军人、同时挽救日渐衰败的市中心区，杜鲁门总统于 1949 年颁布住宅法案（Housing Act of 1949），表示将由联邦政府提供资金援助，清除贫民窟，并计划建造八十万个住宅单元。齐肯多夫对这个项目的远景极为看好，积极地四处奔走致力建设。自 1948 年至 1955 年间，身为韦伯纳普公司建筑部主任的贝聿铭，全力陪同老板开发业务，到全美各大城市巡视勘查，参与重要会议，这些珍贵的经验，使他得以日后在面对权贵时气定神闲，自有一套得体的应对。

纽约基浦湾公寓大楼（Kips Bay Plaza, 1957—1963）项目，是贝聿铭开始尝试混凝土新工法的滥觞，这得归功于其手下大将阿拉多·寇苏达（Araldo Cossutta, 1925—2017）[4]，从早期的麻省理工学院地

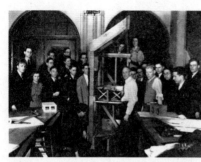

贝聿铭（前排左3）在麻省理工学院上课的合影（©
MIT）

房地产巨头齐肯多夫在贝聿铭设计的办公室
（© Library of Congress, De Marsico Dick
photographer）

球科学馆大楼（Cecil & Ida Green Earth Science Building, 1959—1964）、夏威夷大学东西文化中心（East—West Center, University of Hawaii, 1960—1963），到波士顿基督科学中心（Christian Science Center, 1964—1972），寇苏达都担任了设计师，他凭借对混凝土的精巧运用为事务所建立了极为成功的建筑风格[5]。在美国国家大气研究中心项目中，贝聿铭更上一层楼，将清水混凝土表面錾凿，营造出更富肌理质感的墙面，这之后的数个美术馆作品他莫不循此手法。贝聿铭对这种特殊的清水混凝土工法颇为自豪，自认对其的运用在华盛顿国家美术馆东馆项目中达到高峰，而到巴黎卢浮宫扩建项目中臻至完美[6]。经贝聿铭处理过的混凝土，色泽可以与墙面的石材相同，达成空间和谐的整体效果。当然这种做法花费不菲，因为混凝土级配的骨材不是一般的砂石，用砂要经过精挑细选，而石料是将相同的石材碾碎磨细，形成全然定制化的级配。

按《贝聿铭全集》的资料所示，在韦伯纳普公司期间，贝聿铭亲自参与设计的住宅与都市更新项目达十四个。这些建筑项目的共同点是：以混凝土构筑，立面皆是连续网格；窗框整合成结构系统，以降低造价；大片的玻璃窗面，使得室内有充足的光线；窗帘全部采用白色，以上下垂直方式启闭，开启的幅度统一管制，避免造成斑驳混乱的立面效果。

纽约基浦湾公寓

麻省理工学院地球科学馆大楼

贝聿铭与寇苏达讨论地球科学馆大楼模型（© MIT）

之所以采用混凝土，而摒弃现代建筑的主流建材钢，是因为受限于现实情况。当年美国参与朝鲜战争，钢是重要的军工材料，受政府严格管制，迫使承包商与建筑师不得不另寻取代钢的建材。此外，贝聿铭在设计时

波士顿基督科学中心

夏威夷大学东西文化中心

就已经将空调设备纳入，安排在窗户的下方，这也是大玻璃窗面没有落地的原因。这样处理空调设备，遭到部分住户抱怨，因为突出的设备占据了起居室的空间，为家具摆设增添困扰。大片的玻璃窗面自立面缩退，优点是连续网格的梁柱成为遮阳板，使得日光射入室内，热却被阻挡在外。另外，凹陷的连续网格形成阴影，大大丰富了建筑的立体感，提升了建筑的美感，有别于房屋市场的一般住宅。更重要的是免除阳台，建筑可用的面积得以扩增。根据联邦住宅署的规定，阳台计算为半个房间，而房屋贷款是以房间计价的，没有阳台，贷款相应的就减少，为此贝聿铭向联邦住宅署（Federal Housing Administration）说明不设阳台的好处，并积极说服，突破官僚体系桎梏的规定，最终获得胜利！[7]

　　如果经费宽裕，贝聿铭会在户外空间安置雕塑，例如费城社会山公寓（Society Hill, Philadephia, 1957—1964），其大楼东侧是美国雕塑家莱昂纳德·巴斯金（Leonard Baskin, 1922—2000）的《老人、少

费城社会山公寓的立面　　　　　　没有阳台的纽约基浦湾公寓

洛杉矶世纪城公寓

年与未来》（*Old man, Young Man, the Future*）、住宅区停车场一隅有法裔美籍雕塑家加斯顿·拉雪兹（Gaston Lachaise, 1882—1935）的《卧像》（*The Reclining Figure*），而纽约大学广场公寓陈设着毕加索高大的《西尔维塔像》（*Bust of Sylvette*），可见艺术与建筑融合是贝聿铭钟爱的设计手法之一 [8]。此外，这些杰出的建筑成果，日后分别获奖或被指定为文化标志，例如匹兹堡华盛顿广场公寓（Washington Plaza Apartments – phase I, 1958—1964）获 1964 年联邦住宅署住宅设计佳作奖；费城社会山住宅小区获奖最多，共达四项，包括 1965 年美国建筑师协会年度荣誉奖等，并于 1999 年被费城列为历史名胜（Register of Historic Places）；芝加哥大学公园公寓于 2005 年被国家公园署（National Park Service）列为国家史迹；纽约大学广场公寓于 2008 年被纽约市指定为地标建筑。这些荣耀皆肯定了贝聿铭杰出的设计与规划成果，更重要的意义是提升了环境质量，塑造了宜居的生活环境，因此 1963 年休斯敦莱斯大学（Rice University）特授予贝聿铭"人民的建筑师"（The People's Architect）的荣誉称号。

　　齐肯多夫对工程建设的雄心壮志，固然为贝聿铭提供了许多发挥才能的机会，但贝聿铭也敏锐地察觉到公司潜存的危机，因此于 1955 年将建筑部门独立出来，成立了自己的建筑师事务所，同时仍向韦伯纳普公司提供相关的建筑服务，这种关系维系至 1965 年齐肯多夫宣布破产时才结束。贝聿铭及合伙人建筑师事务所在成立时已有七十位员工，其中，亨利·考伯（Henry Cobb, 1926—）与伊森·列奥纳多（Eason H. Leonard, 1920—2003）是其最得力的左右手。考伯是贝聿铭在哈佛大学任教时的学生，毕业于 1949 年。第一份工作就是在贝聿铭曾任职过的休·斯塔宾斯建筑师事务所（Hugh Stubbins Architects）[9] 上班，一年后加入贝聿铭的团队，他三十六年来始终忠诚地奉献着，当一位隐名的建筑师，直至 1990 年贝聿铭退休前，将事务所更名，考伯才

费城社会山公寓的户外雕塑

费城社会山住宅区的《卧像》

纽约大学广场公寓的毕加索《西尔维塔像》

被指定为国家史迹的芝加哥大学公园公寓

成为大当家。考伯在韦伯纳普公司期间，负责加拿大蒙特利尔玛丽城广场（Place Ville Marie, Montreal, 1955—1966）开发案，高达 47 层的建筑物，有一半的楼地板面积位于地下，这是为了应对当地酷寒的冬天而设计的，他将商场、停车场与地铁系统加以整合，创造了一座地下城。1976 年加拿大邮局特别选取了此楼，结合蒙特利尔另一地标建筑——圣母教堂（Notre Dame Church）发行了一套邮票，由此可知玛丽城广场在蒙特利尔的特殊地位。然而，由考伯设计的波士顿汉考克大厦（John Hancock Tower, Boston, 1968—1976），在开挖地基时不慎损坏了旁邻的重要史迹三一教堂，偿付了 1100 万美元的修复金，接着于 1973 年其帷幕墙的玻璃又因风暴被纷纷砸落，更换玻璃令建造成本增加至少 500 万美元，工程延期五年，这使得贝聿铭事务所的声誉跌至谷底，业务一度大受影响，所幸因 1978 年落成的华盛顿国家美术馆东馆一案才得以重塑声望。现在看来，波士顿汉考克大厦无疑是一栋建筑佳作，楼高 241 米，在波士顿任何一处皆可见到它的身影，立面的镜面玻璃映照着天光云影，形成了波士顿美丽的天际线，这幢大厦于 2011 年获得美国建筑师协会最高荣誉的 25 年奖（25 Years Award）。考伯在设计高楼方面颇具盛名，如达拉斯喷泉广场中心大厦（Fountain Place, Dallas, 1982—1986）与洛杉矶美国银行大楼（U.S. Bank Tower, 1983—1989，原名 Liberty Tower，译为"自由大楼"）等，这两件作品都分别成为其所在城市最高的摩天大楼，也都是当地的地标建筑。

贝聿铭的另一位得力合伙人伊森·列奥纳多于 1953 年加入韦伯纳普公司，他一路追随贝聿铭，直至 1990 年俩人同时宣布退休。列奥纳多主要的职务是经营管理事务所，他的地位比考伯高，在事务所排名第二。1989 年 9 月 1 日事务所改组后，詹姆斯·弗里德（James I. Freed, 1930—2005）被提升为三个合伙人之一。弗里德的背景与贝聿铭相似，也是移民，九岁时为逃避纳粹迫害流亡至美国，1953 年毕业于伊利诺伊理工大学（Illinois Institute of Technology），1956 年加入贝氏团队。于 1975—1978 年间一度回归母校担任系主任的职务，20 世纪 70 年代与一群建筑师同好组成"芝加哥七人组"（Chicago Seven）[10]，在业界颇有地位。在事务所中，弗里德的作品数量虽然不及贝聿铭与考伯，但都很卓越，如纽约贾维茨会展中心（Javits Convention Center, 1979—1986）、洛杉矶会展中心扩建项目（Expansion of Los Angeles Convention Center, 1986—1993）与美国大屠杀纪念馆（United States Holocaust Memorial Museum, 1986—1993）等。

早年弗里德在事务所的地位并不高，但 1964 年升至第九位[11]，这可能是因为有些元老们离开，或是有些人的表现不及弗里德等原因所致。以排名第四的寇苏达为例，他颇受贝聿铭倚重，从 1958 年参与加拿大多伦多市政厅设计竞标（Toronto City Hall Competition）开始，成就卓著。麻省理工学院地球科学馆大楼是其初露锋芒的具体成果，后续的夏威夷大学东西文化中心、威尔明顿大楼（Wilmington Tower, 1963—

波士顿汉考克大厦旁的三一教堂

波士顿汉考克大厦

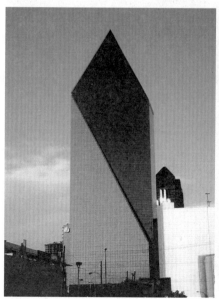

达拉斯喷泉广场中心大厦

洛杉矶美国银行大楼

纽约贾维茨会展中心

扩建的洛杉矶会展中心

1971）、华盛顿美国建筑师协会总部设计竞标、波士顿基督科学中心、肯尼迪图书馆等项目，他都以建筑设计师（Design Architect）的身份参与，最终于 1973 年与曾经排名第七的文森特·庞特（Vincent Ponte，1919—2006）离职共组了事务所。庞特于 1949 年毕业于哈佛大学设计学院，获富布赖特奖学金（Fulbright Scholar Grantees）至罗马深造时，他自述眼见其他同学的卓越表现，深感难以企及，因此不甘当二流建筑师的他就放弃建筑设计专业，转而选择城市规划领域并投入研究。贝聿铭及合伙人建筑师事务所成立后，庞特就加入并参与蒙特利尔玛丽城广场开发案，规划地下人行通道，重塑了市中心区的都市空间。达拉斯市区各栋大楼于地下相连的通道系统亦出自他的手笔。

排名第五的是唐·佩吉（Don Page，1917—2007），是事务所图案设计部门主管，二战期间曾在中国服役，战前在北卡罗来纳州的黑山学院（Black Mountain College）求学，曾于包豪斯学院任教的约瑟夫·艾伯茨（Josef Alberts，1888—1976）也曾在该校教书。佩吉于 1946 年到哈佛大学设计学院攻读硕士，1951 年加入贝聿铭的事务所，直至 1966 年离开。这些高手都具有相同的背景：都拥有常春藤大学学历，都是现代主义的信徒，这使得贝聿铭及合伙人建筑师事务所拥有了强大的实力。

一个成功的建筑师事务所，需要拥有长期忠诚奉献的员工，还要有优秀的顾问。贝聿铭自 1961 年就与景观建筑师丹·凯利（Dan Kiley，1912—2004）合作。这位当年于哈佛大学设计学院景观建筑系就读的学生，反而对现代主义建筑兴趣寥寥，因此于 1938 年辍学到国家公园署工作。二战期间在欧洲服役，得以有机会亲身体验德法两国的庭院之美，日后在其作品中可以发现其深受古典纪念性理念影响的空间特质。与贝聿铭自美国国家大气研究中心合作之后，肯尼迪图书馆（John F. Kennedy Library，1964—1979）、达拉斯市政厅（Dallas City Hall，1966—1977）、华盛顿国家美术馆东馆、康奈尔大学赫伯特·F·约翰逊艺术博物馆（Herbert F. Johnson

Museum of Art，Cornell University）、晚期的诺瓦托巴克老年研究所（Buck Institute for Age Research，1989—1999）等多个项目，均由丹·凯利规划设计景观，为建筑增色不少。

另一位贝聿铭极为倚重的顾问是结构工程师莱斯利·罗伯森（Leslie E. Robertson，1928— ），自 1975 年参与贝聿铭的伊朗德黑兰凯普赛德集合住宅项目（Kapsad Housing）之后，至 2008 年完成的多哈伊斯兰艺术博物馆，他几乎负责了近十个重大的项目。罗伯森的贡献，使得贝聿铭的作品创意迭出，例如香港中银大厦（Bank of China，Hong Kong，1982—1989）的复合式结构系统使得业主的建造费用大大降低，同时缔造了曾是亚洲最高、世界排名第五的摩天大楼。美秀美术馆（Miho Museum，1991—1997）入馆前跨越山谷的吊桥，为进入桃源美境提供了颇为独特优雅的空间体验，满足了与自然和谐共存的宗旨。早在参与美秀美术馆项目之前，神慈秀明会（Shinji Shumeikai）的教祖殿就是罗伯森与建筑师山崎实（Minoru Yamasaki，1912—1986）于 1970 年合作的成果。罗帕森于 1923 年在西雅图成立了个人事务所，历经多次改组后，如今在孟买、上海与香港均设有分部，"9·11"事件中被损毁的纽约世贸中心双子塔是其事务所早年的作品之一。1986 年事务所第四次改组，以罗伯森个人姓名作为事务所名称，之后，他于 2013 年退休，2017 年 5 月出版了个人回忆录《结构设计：一个工程师在建筑领域的非凡人生》（The Structure of Design: An Engineer's Extraordinary Life），该书的封面就是美秀美术馆的精彩吊桥，书中阐述了他与诸多知名建筑师合作的经历，其中贝聿铭所占的篇幅当然是最多的。

贝聿铭事务所早年的业务以集合式住宅与都市更新为主，按贝考弗及合伙人事务所（Pei Cobb Freed & Partners）对项目的分类，共有机构建筑（institutional building）、企业建筑（corporate building）、投资建筑（investment building）与住宅及小区发展（housing and

肯尼迪图书馆

由丹·凯利规划设计的达拉斯市政厅广场

伊朗德黑兰集合住宅项目

伊斯兰艺术博物馆

日本美秀美术馆的吊桥

community development）等四大类。贝聿铭事务所第一个机构建筑是 1963 年的东海大学路思义教堂（Luce Memorial Chapel, Tunghai University, 1956—1963），这座教堂创造了另一项特殊的记录——当年造价 12.5 万美元，是贝聿铭一生所经历项目中经费最低的。另一个巧合是贝聿铭整个建筑生涯是以教堂建筑作为终结的，他设计的第二座教堂是 2012 年完成的美秀教堂（Miho Chapel, 2008—2012）。这两个教堂的共同点都是曲面造型，唯建材不同，路思义教堂由混凝土构筑，美秀教堂是钢材帷幕构造，这也充分显示了贝聿铭作品在建材运用上的发展演变。从 1968 年的得梅因艺术中心扩建项目（Des Moines Art Center addition, 1965—1968）、1989 年的大卢浮宫计划中的拿破仑广场，至 1994 年的卢森堡现代艺术博物馆与诺瓦托巴克老年研究所等皆属机构建筑，这也是让贝聿铭获得最多赞誉的建筑类型（表 1）。

贝聿铭所设计的美术馆共计 17 座（表 2），其中包括其硕士毕业论文作品上海美术馆（Shanghai Museum, 1946）与两个"纸上建筑"。上海美术馆的设计，贝聿铭挑战了老师沃尔特·格罗皮乌斯（Walter Adolph Georg Gropius, 1883—1969）所奉为圭臬的通用空间理念（universal space），以虚实结合的空间，提出不同于西方建筑理论所认知的展览空间。当年哈佛大学建筑硕士班毕业专刊，贝聿铭的作品是唯一以两页篇幅刊载的，其他十五位同窗每人仅占了一页篇幅[12]；同时他的作品也是唯一被专业建筑刊物发表的硕士论文设计[13]。贝聿铭摒弃了当时中国公共建筑的惯常形式，刻意不以过去的装饰彰显所谓的中国建筑。与老师讨论后，决定选择"裸露的中国墙垣"（bear Chinese wall）与"庭园天井个体"（individual garden patio）作为其设计特点。哈佛设计学院的老师给予这个设计高度评价，"我们认为就现代建筑的表现，其达到极高的水平"，格罗皮乌斯如此赞赏这位得意门生[14]。

东海大学路思义教堂

日本美秀教堂

卢森堡现代艺术博物馆

表 1　贝聿铭早期设计的集合住宅与都市更新案（1953—1965）

项目	坐落都市	年代	规模
华盛顿西南都市发展计划 Southwest Washington Urban Development	华盛顿特区	1953—1962	211.25 公顷
城市中心广场 Town Center Plaza	华盛顿特区	1953—1962	50957 平方米
大学公园公寓 University Gardens	芝加哥，海德公园	1956—1961	50971 平方米，540 个单元，10 层
基浦湾公寓 Kips Bay Plaza	纽约，曼哈顿	1957—1962	112997 平方米，1118 个单元，21 层
东华盛顿广场 Washington Square East	宾夕法尼亚州，费城	1957—1959	6.47 公顷
社会山住宅小区 Society Hill	宾夕法尼亚州，费城	1957—1964	97013 平方米，624 个单元，31 层
华盛顿广场公寓第一期 Washington Plaza Apartments I（2014 年更名为 City View Apts）	宾夕法尼亚州，匹兹堡	1958—1964	50456 平方米
伊利景邻里发展规划 Erieview General Neighborhood	俄亥俄州，克里夫兰	1960	679 公顷
伊利景都市更新计划第一期 Erieview I. Urban Renewal Plan	俄亥俄州，克里夫兰	1960	388 公顷
大学广场公寓 University Plaza	纽约，曼哈顿	1960—1966	69399 平方米，534 个单元，30 层
威包塞山都市更新计划 Weybosset Hill Urban Renewal Plan	罗得岛州，普罗维登斯	1960—1963	22.3 公顷
波士顿北区邻里都市更新计划 Downtown North General Neighborhood Renewal Plan	马萨诸塞州，波士顿	1961	162 公顷
世纪城公寓 Century City Apartment	加利福尼亚州，洛杉矶	1961—1965	68590 平方米，331 个单元，28 层
布什内尔广场公寓 Bushnell Plaza	康涅狄格州，哈特福德市	1961	27072 平方米，171 个单元，27 层
俄克拉荷马市区规划 Central Business District Development	俄克拉荷马州，俄克拉荷马市	1963—1964	202 公顷
基督科学中心 Christian Science Center	马萨诸塞州，波士顿	1965	162 公顷

贝聿铭硕士论文设计上海美术馆（取材自《前卫建筑》（*Progressive Architecture*）杂志，1948 年 2 月）

MUSEUM, SHANGHAI, CHINA   I. M. PEI, Architect

THIS PROJECT for a museum in Shanghai, China, was designed by Mr. Ieoh Ming Pei in the Master class of Harvard's Department of Architecture under my general direction. It clearly illustrates that an able designer can very well hold on to basic traditional features—which he has found are still alive—without sacrificing a progressive conception of design. We have today sufficiently clarified our minds to know that respect for tradition does not mean complacent toleration of elements which have been a matter of fortuitous chance or a simple imitation of bygone esthetic forms. We have become aware that tradition in design has always meant the preservation of essential characteristics which have resulted from eternal habits of the people.

When Mr. Pei and I discussed the problems of Chinese architecture, he told me that he was anxious to avoid having Chinese motifs of former periods added to public buildings in a rather superficial way as was done for many public buildings in Shanghai. In our discussion we tried then to find out how the character of Chinese architecture could be expressed without imitating such form motifs of former periods. We decided that the bare Chinese wall, so evident in various periods of Chinese architecture, and the small individual garden patio were two eternal features which are well understood by every Chinese living. Mr. Pei built up his scheme entirely on a variation of these two themes.

This design was highly prized by the Harvard Design faculty because we thought that here a modern architectural expression on a monumental level was reached.

Walter Gropius

Walter Gropius, Chairman
Graduate School of Design
Harvard University

格罗皮乌斯在建筑论坛杂志上对上海美术馆的评语（取材自《前卫建筑》（*Progressive Architecture*）杂志，1948 年 2 月）

表 2 贝聿铭设计的美术馆及博物馆

项目	坐落都市	年代	备注
上海美术馆	中国，上海	1946	贝聿铭哈佛大学建筑硕士毕业设计
艾弗森美术馆 Everson Museum of Art	美国，纽约州，雪城	1961—1968	扩建案因经费不足遭无限期延宕
肯尼迪图书馆 John Fitzgerald Kennedy Library	美国，马萨诸塞州，多尔切斯特	1964—1979	
得梅因艺术中心雕塑馆扩建项目 De Moines Art Center Addition	美国，爱荷华州，得梅因市	1966—1968	
赫伯特·F·约翰逊艺术博物馆 Herbert F. Johnson Museum of Art	美国，纽约州，伊萨卡	1968—1973	位于康奈尔大学校园内
华盛顿国家美术馆东馆 National Gallery of Art—East Building	美国，华盛顿特区	1968—1978	
美术学院与博物馆楼 Fine Arts Academic & Museum Building	美国，印第安纳州，伯明顿	1974—1982	位于印第安纳大学伯明顿分校校区内
美术馆 Museum of Art	美国，加州，长滩市	1974—1979	施工图已完成，但未兴建
波士顿美术博物馆西翼 Museum of Fine Arts—West Wing	美国，马萨诸塞州，波士顿	1977—1986	
卢浮宫扩建项目——拿破仑广场 Cour Napoleon, Le Grand Louvre	法国，巴黎	1983—1989	大卢浮宫计划第一期工程
卢浮宫黎塞留馆改建 Richelieu Wing, Le Grand Louvre	法国，巴黎	1989—1993	大卢浮宫计划第二期工程
摇滚名人堂与博物馆 Rock & Rock Hall of Fame+Museum	俄亥俄州，克里夫兰	1987—1995	
美秀美术馆 Miho Museum	日本，滋贺县	1991—1997	
古兰德里斯现代艺术博物馆 Basil & Elise Goulandris Museum of Modern Art	希腊，雅典	1993—1997	基地涉及考古问题而未兴建，止于设计方案
德国历史博物馆扩建项目 Deutsches Historisches Museum	德国，柏林	1996—2002	
卢森堡现代艺术博物馆 Contemporary Art Museum of Luxembourg	卢森堡，基希贝格	1994—2006	
苏州博物馆 Suzhou Museum	中国，苏州	2000—2006	
伊斯兰艺术博物馆 Museum of Islamic Museum	卡塔尔，多哈	2000—2008	

美术馆系列的作品中，对建筑元素的中庭、天桥、楼梯与自然采光等，贝聿铭都有很独特的表现。对于由建筑实体所包覆的中庭，贝聿铭曾援引老子之言"有之以利，无之为用"，来阐释虚空间在都市中的意义。他特举威尼斯圣马可广场（Piazza San Marco, Venice）一例，强调虚空间是由建筑物的立面所界定的，而且尺度扮演关键因素[15]。艾弗森美术馆（Everson Museum, 1961—1968）的雕塑中庭是虚空间，其理念可以一直追溯到贝聿铭设计的上海美术馆的庭园，他从学生时期就关注虚实结合的空间效果，此后华盛顿国家美术馆东馆的设计是此观念的淋漓发挥，而卢浮宫玻璃金字塔更是虚体在都市广场的极致表现。为达成尺度的效果，贝聿铭特意在中庭栽植了绿树。不同于其他建筑师所采用的盆栽方式，贝聿铭以大槽将树圈围，为树木提供了较佳的成长环境，既赋予人们歇坐的场所，也实现了庭院的自然效果。艾弗森美术馆的雕塑中庭屋顶为格子梁构造，四周有开口隙缝容自然光泄入，发挥他所追求的"让光线作设计"的理念。华盛顿国家美术馆东馆中，厚重的混凝土屋顶被轻盈的玻璃天窗取代，让更多光线进入室内，天窗底下的圆钢管使得光线漫射，在中庭交舞出动人的空间。卢浮宫玻璃金字塔、黎塞留馆（Richelieu Pavilion）的雕塑院与顶层展览室与地下商场的倒玻璃金字塔中，自然光流泻而入的精彩呈现，亦使人流连忘返。

得梅因艺术中心雕塑馆扩建项目中，对着南立面大方窗的是横跨展览室的天桥，天桥既作为动线之一，也提供非水平的欣赏角度，让参观者能居高俯视艺术品，创造更多元的视域，拓宽了展览的效果。华盛顿国家美术馆东馆在中庭也有天桥，能够饱览上下空间，更是体验光影的好场所；波士顿美术博物馆西翼（Museum of Fine Arts, West Wing, 1977—1981）与美秀美术馆挑空的长廊宛若天桥，皆是使空间丰富的设计手法。而楼梯更是扮演了丰富、美化空间的角色；艾弗森美术馆的雕塑中庭，初始的设计元素所呈现的楼梯是方正直角的造型，就像寻常的

巴黎卢浮宫玻璃金字塔

华盛顿国家美术馆东馆的光影之舞

美秀美术馆中的绿树

楼梯一样，精益求精地修改之后，浑厚如雕塑般的弧形楼梯诞生；华盛顿国家美术馆东馆通往塔楼展览室的螺旋楼梯是曲弧衍生的造型；卢浮宫的拿破仑广场玻璃金字塔中，不锈钢的弧形楼梯还结合了升降电梯，完美地为金字塔空间增添了一件另类的"雕塑"。多哈伊斯兰艺术博物馆（Museum of Islamic Art，Doha，2000—2008）对称的环状楼梯更为精益求精，上下楼的动线以更动人的造型得以呈现。由此可见，天桥与楼梯是体验贝聿铭作品时不可忽略的元素。

华盛顿国家美术馆东馆的天桥

美秀美术馆挑空的长廊

波士顿美术博物馆西翼二楼的长廊

宛若雕塑的艾弗森美术馆中庭楼梯

多哈伊斯兰艺术博物馆

在所有的美术馆、博物馆作品中，以肯尼迪图书馆的建造历经最多波折，基地屡屡变更，耗时十五年方见成果，然而各方评价褒贬不一，建筑史学家查尔斯·詹克斯（Charles Jencks，1939—）就给了负面评价[16]。综观此系列，每件作品的建造基本都需要六至八年的时间，完成后莫不成为经典。鉴于现代建筑史宗师之一的勒·柯布西耶所设计的十七座建筑曾于 2016 年被列为世界文化遗产一事，中国受到启发，考虑将贝聿铭的作品申请世界文化遗产[17]，这倒是件令人颇为期盼的美事，以贝聿铭对现代建筑的贡献而言，他的作品当然可以成为现代建筑的最佳代言。

1949 年位于亚特兰大市的海湾石油公司办公楼（Gulf Oil Building，Atlanta，1949—1950）是贝聿铭建筑生涯中的第一件建成作品，属于企业建筑类型。贝聿铭以 5.71 米为柱距，面阔 5 个柱距，进深 10 个柱距，是一个典型方正的密斯风格建筑。当时海湾石油公司办公楼的预算以每平方英尺（1 平方英尺为 0.09 平方米）7.0 美元为准，为达成预算，贝聿铭团队采用了节省工期的预制结构系统构建大楼，达五万平方英尺的楼房，只花四个月就完工了。立面以大理石片作为面材，这原本将大幅增加开

肯尼迪图书馆

支，但经贝聿铭与石材公司协商后，双方同意在办公楼提供石材公司的展示柜作为减价条件，最终以每平方米 75 美元的经费完成了立面的构建。在硕士论文设计中，贝聿铭就曾采用大理石片作为外墙材料。《建筑论坛》（*Architectural Forum*）杂志于 1952 年 2 月刊登介绍了他的这件作品，这是贝聿铭真正被视为建筑师的开始。石油公司办公楼于 2013 年 2 月被拆除，在原基地上兴建了民宅，但经当地的文化保护组织大力争取，建筑的前两个柱距空间连同立面得以保存，有幸为亚特兰大市现代建筑发展史上留存了一份虽不完整却难能可贵的见证。

　　企业建筑中以摩天大楼较受瞩目，但相较于他的事业伙伴们，贝聿铭设计的摩天大楼项目并不多，可是它们大多具有很特别的意义（表 3）。1973 年由于波士顿汉考克大厦事件的影响，加上美国经济的不景气，事务所面临严重的财务问题，幸而此时贝聿铭争取到了亚洲的项目，尤其是新加坡的高楼项目与一些规划案，有如大旱中的甘霖，缓解了事务所的困境。新加坡莱佛士城（Raffles City，1969—1986）是一个大型复合开发项目，包括酒店、办公大楼、购物中心与会议中心等，有共计 26 层、42 层与 73 层等高低不等的三幢大楼。原本在裙楼的购物中心可以体验到贝聿铭运用在美术馆中的设计元素：挑空采光的中庭与天桥，还有绿树点缀。可惜的是，这些元素在后来的整修中被大量舍弃，天桥消失了，绿树被棕榈树取代。除了莱佛士城，还有华侨银行大厦（Oversea-Chinese Banking Corporation Centre，1970—1976）与盖特威大厦（Gateway Tower，1981—1990）两幢办公大厦。华侨银行大厦实乃 1964 年麻省理工学院地球科学馆大楼的翻版，都是将电梯、管道空间等集中在服务核（service core），服务核安排在平面的两端，使得楼层空间毫无阻隔，楼层就像桥一般由服务核撑住，层层向上发展。两幢大楼皆以混凝土构筑，差异在于水平的服务楼层的位置，麻省理工学院地球科学馆大楼的服务楼层集中在屋顶，华侨银行大厦较合理，服务楼层与桁架结构

表3 贝聿铭设计的摩天大楼
（此表不包含未兴建的止于设计方案的建筑与校园建筑中的高楼）

项目	坐落都市	年代	层数，高度	备注
里高中心 Mile High Center	美国，科罗拉多州，丹佛	1952—1956	23层，90米	
威尔玛丽区开发案 Place Ville Marie	加拿大，蒙特利尔	1955—1962	43层，188米	
美国人寿保险公司大厦 American Life Insurance Company Building	美国，特拉华州，威灵顿	1963—1971	23层，86米	
基督科学中心 Christian Science Center	美国，马萨诸塞州，波士顿	1965—1973	23层，113米	
加拿大皇家商业银行与商业广场 Canadian Imperial Bank of Commerce Court	加拿大，多伦多	1965—1973	57层，239米	
松树街88号大厦 88 Pine St（Wall St. Plaza）	美国，纽约曼哈顿	1968—1973	27层，102米	
莱佛士城 Raffles City	新加坡	1969—1986	73层，226米	
华侨银行大厦 Oversea Chinese Banking Corporation Center	新加坡	1970—1976	52层，198米	曾是新加坡与东南亚最高的建筑
新宁广场大楼 Sunning Plaza	中国，香港	1977—1982	28层，93米	2013年拆除，合作建筑师陈丙骅
德克萨斯商业银行大厦 Texas Commerce Tower	美国，得克萨斯州，休斯敦	1978—1982	75层，305.4米	
盖特威大厦 The Gateway Tower	新加坡	1981—1990	37层，150米	
中银大厦 Bank of China	中国，香港	1982—1989	70层，367米	

系统分别位于第20、35层，这使得华侨银行大厦的立面被解读为一个"贝"字。不过贝聿铭对此解释并不赞同，坦然表示这是由其结构等客观原因造成的[18]，并非刻意为之。华侨银行大厦旁有件亨利·摩尔（Henry Moore，1898—1986）的雕塑，可惜疏于维护，原本闪烁的铜失去了光彩，这是贝聿铭建筑中艺术品极罕见的残败样貌。

不同于其他建筑师，需要靠设计私人住宅积累名声，贝聿铭的建筑生涯中，只设计过三幢私人住宅，分别是位于纽约州卡托纳的贝氏度假屋（Pei Residence，1951—1952），得克萨斯州沃斯堡市坦迪邸（Tandy House，1965—1969）与华盛顿威廉·斯莱顿宅（William Slayton House，1958）。因其稀有性与独特性，华盛顿史迹保存部门于 2008 年将斯莱顿宅指定为国家史迹。这可是很大的突破，根据美国对史迹的相关规定，建筑物必须要有五十年的历史才有资格被提名，而斯莱顿宅刚达到基本条件的门槛就被列入史迹，可见其卓越不凡。该建筑以三组桶

新加坡莱佛士城　　　　莱佛士城的购物中心中庭

新加坡华侨银行大厦　　华侨银行大厦前的亨利·摩尔雕塑自作

丹佛里高中心

波士顿基督科学中心的高楼

德克萨斯商业银行大厦

新加坡盖特威大厦

形屋构成，屋顶由混凝土构筑，墙体则是砖造，屋前屋后皆是落地玻璃立面，《华盛顿邮报》的建筑评论家本杰明·符吉（Benjamin Forgey，1938—）将其形容为一颗宝石，空间既紧凑又宽敞，既优雅又创新 [19]，是华盛顿极少数国际样式的私人宅邸。2003 年该屋出售，新屋主花费百万美元整修，2012 年转手售出时，屋价飙升至二百九十五万美元。

威廉·斯莱顿（William Slayton，1916—1999）在肯尼迪与约翰逊两位总统任期内出任公职，曾担任都市更新局长一职。他早年是韦伯纳普公司的副总裁，一度是贝聿铭及合伙人建筑师事务所规划部门的主管，参与过克里夫兰伊利景邻里发展项目（Erieview General Neighborhood Redevelopment，Cleveland，Ohio，1960）。尔后参与华盛顿西南都市发展计划，迁居华盛顿后，转而投身政界。斯莱顿宅的设计者是黄慧生（Kellogg Wong，1928—） [20]，贝聿铭很推崇这位助理的贡献，不过贝聿铭本人并不认可该宅出自其本人的设计。在《贝聿铭全集》中也没有此住宅的相关资料，据《贝聿铭全集》作者珍妮特·亚当斯·斯特朗的访谈所示，原因是此设计在未经贝聿铭同意的情况下被另一位建筑师修改了 [21]，而这位建筑师是托马斯·莱特（Thomas Wright，1919—2006），他是斯莱顿的好友，受邀负责监工。托马斯·莱特是华盛顿建筑界的活跃分子，曾出任美国建筑师协会华盛顿分会主席，

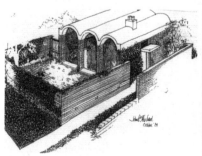

华盛顿斯莱顿宅（取材自 National State Department of the Interior，National Park Service，John Eberhard FAIA 绘图）

华盛顿斯莱顿宅（取材自 Wikimedia Commons）

设计过多个美国驻外使馆，也是哈佛大学设计学院的建筑硕士，深受格罗皮乌斯影响，作品风格被誉为华盛顿的包豪斯学派。1964 年《建筑纪事》（*Architectural Record*）杂志选取介绍了美国二十幢最具创意的住宅，而斯莱顿宅就是其中之一。

坦迪邸是得州女富豪安妮·坦迪（Anne Valliant Burnett Tandy，1900—1980）的私宅，安妮·坦迪是托马斯·劳埃德·伯内特（Thomas Lloyd Burnett，1871—1938）的独生女，而伯内特是得州畜牧业巨头，拥有大片的牧场，面积达 84174.61 公顷，全由安妮·坦迪单独继承。1969 年她与查尔斯·大卫·坦迪（Charles David Tandy，1918—1978）喜结连理，是豪门联姻，也是她的第四次婚姻。安妮还是艺术收藏家，其资产高达 2.8 亿美元，1978 年成立伯内特基金会，以资助她热爱的赛马运动与美术馆，这包括新墨西哥州圣菲市的奥·吉弗美术馆（Georgia O'Keeffe Museum），此外，她也担任沃思堡市阿蒙·卡特美国艺术博物馆（Amon Carter Museum of American Art）的董事一职。安妮于 1965 年委托贝聿铭设计宅邸，根据《贝聿铭全集》的文献数据所示，此宅的设计建筑师是戴尔·布赫（Dale Booher），布赫在贝聿铭的事务所工作达七年，离职后与哈里·贝茨（Harry Bates，1936—）成立联合事务所。由于坦迪邸属于私密空间，因此这个项目很少被公开。德克萨斯达拉斯建筑师协会于 1978 年出版了一本建筑专著《达拉斯名胜》（*Dallasights*），其中有一张坦迪邸的远观照片 [22]；1976 年 1 月《建筑与都市 a+u》杂志第 61 期有三页报道，从平面图可以看出整栋建筑分为两组空间，北翼是展示收藏品的休闲室，南翼是起居室和卧室，两翼各自独立，以廊道相连。坦迪邸主要以贝聿铭所偏爱的混凝土构筑，立面处理承续一贯的工法，加上大面积的斜屋顶，令建筑物表情丰富；此外，门前的圆环内还安置了法国雕塑家阿里斯蒂德·马约尔（Aristide Maillol，1861—1944）的作品《山岳》（*La Montagne*）。

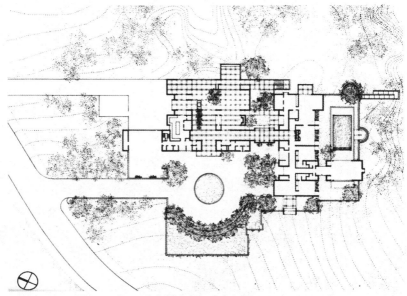

坦迪邸平面图（取材自 1976 年 1 月的《建筑与都市 a+u》杂志）

沃斯堡市坦迪邸（© Library of Congress, Carol M. Highsmith Photographer）

坦迪邸前的雕塑（© Library of Congress, Carol M. Highsmith Photographer）

　　贝氏度假屋令人联想到密思的范斯沃斯住宅（Farnsworth House，1946—1951）与约翰逊的玻璃屋（Glass House，1949），这三栋住宅在空间上有相似之处，都可将玻璃墙外的风景一览而尽，但是贝氏度假屋预制的木结构有别于另两者的钢构。这倒与当时美国西岸案例住宅运动（case house movement）的精神呼应，强调以轻便的建材兴建现代住宅。"聿铭那所房子哪能住人！"贝聿铭在哈佛大学时的同窗土大闳

（Dahong Wang，1917—2018）建筑师如此引用贝聿铭父亲的话[23]。

比较贝聿铭仅有的三件住宅作品，由于业主背景不一，这三幢住宅的规模差异甚大，贝氏私宅面积 106.84 平方米；斯莱顿宅分上下两层，共计 281.5 平方米；坦迪邸达 17419.32 平方米。三件住宅作品风格迥然不同，木构造的贝氏私宅属于密斯路线；为与周遭小区的殖民式环境相融，斯莱顿宅主要由砖构筑，这是贝聿铭很少运用的建材；而坦迪邸则呈现出粗犷的风格。贝聿铭曾表示私人住宅涉及使用者的特别需求，设计格外费心耗时，他不希望被界定为设计私人住宅的专家，不愿像他的老师马塞尔·布罗伊尔（Marcel Breuer，1902—1981）一样，屡遭误解只擅长设计私人住宅，因此贝聿铭往往婉拒私人住宅项目[24]。

综观贝聿铭精彩的一生，许多城市因为他的作品，市容得以大幅提升。1983 年他获得普利兹克建筑奖（The Pritzker Architecture Prize），获得至高的荣耀与肯定，"我深信建筑是实用的艺术。要成为艺术，建筑必须建立在必要的基础上。"在纽约大都会博物馆（Metropolitan Museum of Art）的颁奖典礼上，贝聿铭致谢时如是说。"建筑是生活的镜子，需要把目光专注在建筑物，感受过去的存在，地方的精神，它们是社会的反映。""建筑是一种发展演进的过程，不容刻意做主，不可硬加自己的风格，从时间、空间与问题上寻求设计的原创性，求完美比原创更重要，要不断精炼。"这位坚守现代主义的建

贝氏度假屋（王大闳建筑师提供）

贝氏度假屋室内一隅（王大闳建筑师提供）

筑师表示，"我希望被人们认为是一个二十世纪的建筑师，在任何情况之下，我都会全力以赴 [25]。"贝聿铭的作品获奖无数，成就不单被建筑业界所肯定，也被学术界推崇，早在 1982 年《建筑》（ The Buildings Journal ）杂志展开调查时，请全美建筑系所的主管们票选心目中最佳的建筑设计师，贝聿铭名列第一，投票的五十八位学界人士对贝氏的作品莫不赞誉有加。

　　1991 年美国建筑师协会以会员为问询对象，针对 1980 年以来美国最佳建筑、有史以来美国最佳建筑（top all-time works of American architects）、最佳建筑师与最有影响力的在世建筑师（most influential living American architects）等项目举办票选活动。八百多位建筑专业人士参与了投票，他们将华盛顿国家美术馆东馆列为有史以来美国最佳建筑的第十名；贝聿铭在最佳建筑师一项中名列第八，是十位上榜建筑师中最年轻且是唯一的在世者；最有影响力的在世建筑师的榜首就是贝聿铭 [26]。由此可见其在业界的崇高地位。

　　2017 年 4 月 27 日美国建筑师协会于佛罗里达州奥兰多市举办年会，重头戏包括了颁发协会最富荣耀的 25 年奖。以表彰那些完成二十五年至三十五年之后，依然风采卓越的建筑作品。通过九位评选委员的审查，2017 年的得奖作品是 1989 年落成的巴黎卢浮宫第一期案，这是贝聿铭及合伙人建筑师事务所第三度荣获 25 年奖，2011 年波士顿汉考克大厦、2004 年华盛顿国家美术馆东馆曾先后得奖。事务所的得奖次数追平了弗兰克·劳埃德·赖特（Frank Lloyd Wright，1867—1959）所开创的三次获奖记录，而且 2017 年度颁奖日期，正好是贝聿铭百岁寿辰的次日，这更显得意义非凡。

注解

[1] 黄健敏 "中国建筑教育溯往"《建筑师》杂志，第 131 期，1985 年 11 月，34—39 页。

[2] Michael Cannell, *I. M. Pei – Mandarin of Modernism*, Carol Southern Books, 1995, p.68.

[3] 同书，69 页。

[4] 阿拉多·寇苏达，祖籍南斯拉夫，自贝尔格莱德大学（University of Belgrade）毕业后，至巴黎艺术学院深造，1949 年他曾在柯布西耶事务所工作过一段时间。1955 年获得哈佛大学硕士学位。自 1956 年至 1973 年，在贝聿铭的事务所工作达 17 年。寇苏达在参与丹佛希尔顿酒店（Denver Hilton Hotel, 1960 年）项目时，采用预制混凝土构筑，使得贝氏的作品风格大为转变，脱离了密斯风格。寇苏达参与的项目屡获殊荣，1961 年美国建筑师协会将国家荣誉奖（National Honor Award）授予丹佛希尔顿酒店；芝加哥大学公园公寓（University Gardens Apartment, 1956—1961）于 2007 年被指定为国家级历史名胜（National Register of Historic Place）；基督科学中心于 2011 年被波士顿市政府指定为历史地标（Historic Landmark）。自 1995 年起，他为母校哈佛大学建筑研究所捐款，提供全额学费奖金给设计杰出的学生。

[5] 李瑞钰 "贝聿铭早期作品与混凝土构筑探讨"《放筑塾代志》，第 22 期，2007 年 4 月，4—19 页。

[6] 贝聿铭在接受华盛顿国家美术馆口述历史访谈时如是表示, Oral History Program, Interview with I. M. Pei, Conducted by Anne G. Ritchie, Feb. 2, 1993.

[7] Philip Jodidio and Janet Adams Strong, *I.M. PEI: Complete Works*, Rozzoli, 2008, p.52.

[8] 黄健敏 "贝聿铭的建筑与艺术品"《贝聿铭的世界》，台北艺术家出版社，1995 年 4 月，122—143 页。

[9] 知名的建筑师事务所，于 1949 年在剑桥成立，负责人休·斯塔宾斯（Hugh Asher Stubbins, Jr. 1912—2006）毕业于哈佛大学，其较重要的作品为纽约花旗总部大楼（Citigroup Center, 1974—1977）、日本横滨地标大楼（Landmark Tower, 1990—1993）。2007 年与费城文森特·克林（Vincent G. Kling）的事务所合并。

[10] 芝加哥七人组的成员有斯坦利·泰格曼（Stanley Tigerman, 1930—）、拉里·布斯（Larry Booth）、斯图亚特·科恩（Stuart Cohen）、本·威斯（Ben Weese, 1929—）、汤姆·毕比（Tom Beeby, 1941—）、詹姆斯·内格尔（James L. Nagle, 1937—）与詹姆斯·弗里德等，这个专业同好圈旨在对现代主义的意义提出新的观念，被视为芝加哥后现代主义的第一代。

[11] 1964 年路易斯维尔大学（University of Louisville）艺术学院在其图书馆举办了贝聿铭及合伙人建筑师事务所作品展，展出丹佛希尔顿酒店等十四件作品，展览目录的首页列出了十位事务所的重要成员，依序为：I.M. Pei、Eason H. Leonard、Henry N. Cobb、Araldo A. Cossutta、Don Page、Leonard Jacobson、Pershing Wang、Donald H. Gorman、James I. Freed、Werner Wandelmaier。

[12] 哈佛大学设计学院于 2017 年 3 月 31 日举办论坛：I. M. Pei: A Centennial Celebration，考伯发表的内容，可参见 http://www.gsd.harvard.edu/event/i—m—pei—a—centennial—celebration/

[13] 贝聿铭的硕士设计发表于《前卫建筑》（*Progressive Architecture*）杂志，1948 年 2 月，50—52 页。

[14] 同 [13]，52 页。

[15] I.M. Pei, The Nature of Urban Spaces, *The People's Architects*, Rice University, 1964, p.67.

[16] Charles Jencks, with a Contribution by William Chaitkin, *Architecture Today*, Harry N. Abrams, Inc. Publishers, New York, p.26.

[17] 黄阡阡报道，梁思成、贝聿铭作品我国考虑申遗，《旺报》，2016 年 7 月 11 日。

[18] 同 [7]，348 页。

[19] National Register of Historic Places Register Form of William L Slayton House，www.nps. gov/nr/feature/weekly—features/WmLSlaytonHouse.pdf

[20] 黄慧生，生于密西西比州，幼时曾在南京成长，抗战时返回美国。1952 年毕业于佐治亚理工学院（Georgia Institute of Technology），1958 年获克兰布鲁克艺术学院（Cranbrook Academy of Art）建筑硕士，1959 年加入贝聿铭团队，至 2000 年退休，期间于 1967 年在休斯敦莱斯大学建筑系任教两年。贝聿铭在亚洲的项目，黄慧生皆担任重要职位，从新加坡、中国香港、北京到雅加达等地的项目，无不参与。2013 年与金世海合著《垂直城市》（*Vertical City*）一书，访问了全球三十余位建筑师，提出了应对环境问题的对策。

[21] 同 [7]，342 页。

[22] 参见 AIA Dallas Chapter，*Dallasights*，1978，p.179.

[23] 王大闳"一位杰出的同学——贝聿铭"《贝聿铭：现代主义泰斗》，中国台北智库股份有限公司，1996 年 2 月，4 页。

[24] 2007 年华盛顿国家建筑博物馆举办马塞尔·布罗伊尔展（Marcel Breuer: Design and Architecture），贝聿铭于 2008 年 1 月 27 日接受访谈，认为亦师亦友的马塞尔·布罗伊尔犯了一个大错误，在六十岁时还沉溺于私人住宅设计，使得人们忽视了马塞尔·布罗伊尔在其他建筑领域的才能。

[25] Barbaralee Diamonstein, *American Architecture Now*, Rizzoli International Publications Inc., New York, 1980, p.162.

[26] Memo, October 1991, The American Institute of Architects.

第二讲

高原美境
美国国家大气研究中心

美国科罗拉多州博尔德市（Boulder）市郊，在落基山脉（Rocky Mountains）的一座小山顶上海拔 1828.8 米的一个台地上，可以看到像爱尔兰史前巨石阵般的建筑群，细看，又像太空探索时代从地下冒出的潜望镜。这个看来既远古又超时代的建筑群，即为贝聿铭早年所设计的美国国家大气研究中心（National Center for Atmospheric Research，简称 NCAR）。

国家大气研究中心由沃尔特·奥尔·罗伯茨博士（Walter Orr Roberts，1915—1990）所创建，1959 年罗伯茨博士被任命为大气研究大学委员会主任，但他拒绝去特拉华州（Delaware）赴任，因为他舍不

位于科罗拉多州博尔德市市郊台地上的美国国家大气研究中心（美国国家大气研究中心提供，©UCAR）

融合于环境的美国国家大气研究中心（美国国家大气研究中心提供，©UCAR）

得离开博尔德市。次年，他再度被选为主任，为了让他能顺利接受职位，大气研究大学委员会决定在博尔德市兴建一个研究中心，使他能在原地就任。罗伯茨博士聘请了当地一位希腊裔建筑师帕帕克里斯图（Tician Papachristou，1928—）勘查备选基地，帕帕克里斯图建议选择桌山（Table Mountain）约174.41公顷的土地实施建设，因为那片土地在博尔德市南郊，紧邻科罗拉多大学，从大环境的角度考虑，交通便捷，离机场车程不远，而且视野广阔，有极佳的景观。其中有一处11.33公顷的台地适合作为建筑用地，但是要考虑供水与交通等问题的限制，因为博尔德市政府有一条名为"蓝线"的法令，明确规定凡是标高超过海拔5740英尺（约1752米）以上的区域，政府一律不予供水，也不提供任何公共服务，而帕帕克里斯图相中的基地位置的高度正巧超过"蓝线"规定。替代的办法是凿井取水，所幸基地内已有一口182.88米深的水井能保证顺利供水。此外，没有任何可以到达基地的道路，开辟道路将是一项必需实施的额外工程，而且新的道路要保证尽量降低对生态环境的影响，这又是一个不确定的外在因素[1]。

　　国家大气研究中心是一个非营利性机构，由十四所大学相关科系组建而成。这十四所大学中，有七所大学设有建筑系，因此这些大学的建筑系主任理所当然地成为罗伯茨博士的建筑顾问，由他们共同组成建筑师评选委员会，不过加州大学伯克利分校的建筑系主任查尔斯·摩尔缺席，因为他有意承接该项目的设计。委员会主任是皮耶特罗·贝鲁斯基（Pietro Belluschi，1899—1994），当时他是麻省理工学院建筑与规划学院院长，在建筑界是一位重量级人物。1961年5月21日在罗伯茨博士的安排下，八位委员们搭直升机到台地勘查，以户外野餐的方式召开了第一次会议。决定提名六位建筑师参加初选，候选名单包括西雅图的柯克－华莱士－麦金利联合建筑师事务所（Kirk，Wallace，McKinley and Associates Architects）、旧金山的安申与艾伦建筑师事务所（Anshen

鸟瞰美国国家大气研究中心（美国国家大气研究中心提供，©UCAR）

and Allen Architects）、休斯敦的考迪尔－罗利特－斯科特联合建筑师事务所（Caudill, Rowlett, Scott and Associates）、芝加哥的哈里·威斯（Harry Weese, 1915—1998）、纽约的爱德华·L·巴莱斯（Edward Larrabee Barnes, 1915—2004）与贝聿铭。国家大气研究中心从六月初就分别安排每位候选建筑师至博尔德市视察基地并参与面谈，同时罗伯茨博士与其他委员也亲自走访了每家建筑师事务所，进一步了解了这些事务所的组织架构与设计成果。贝聿铭于 6 月 14 日到达博尔德市，与罗伯茨会晤，针对预算与基地规划等事项交换意见。根据会议记录所示，是否设置空调设备是讨论的议题之一，罗伯茨认为当地的气候条件下，安装空调是没有必要的，而贝聿铭也当场指出如果增添空调设备，每平方英尺（1平方英尺约为0.09平方米）的造价将增加四美元，虽然此后为项目出资的国家科学基金会（National Science Foundation）最终确定在中心设置空调，会面中的这个细节给罗伯茨留下深刻的印象，研究中心的兴建经费并不宽裕，他心目中要的是一个简洁的设计，而非奢华的建筑。贝聿铭早年的公寓作品以精准地控制预算而闻名，罗伯茨认为这点很符合对研究中心的期望与需求。

　　面谈中，贝聿铭向罗伯茨逐一介绍了其事务所手头正在进行的所有方案的进度与工作量，承诺会投入自己四分之一的时间专注于国家大气研究中心项目。贝聿铭诚恳表示此项目对他个人乃至事务所都意义重大。过去他所从事的项目着重于商业开发，因此他希望通过国家大气研究中心一案为事业开启另一个新的局面，在机构建筑（Institutional Building）领域有所发展。当年，贝聿铭及合伙人建筑师事务所设计的机构建筑包括台中东海大学路思义纪念教堂（1956—1963）、夏威夷东西文化中心（1960—1963）、麻省理工学院地球科学馆大楼（1959—1964）与雪城大学纽豪斯传播中心新闻学院（School of Journalism, S. I. Newhouse Communications Center, 1961—1964）等，全都尚未完工，成果尚无从验证。此外，与其他候选建筑事务所相比，贝聿铭建筑事务所的业绩颇为薄弱，不过他位于丹佛市的里高中心（Mile High Center, 1952—1956）、May D & F 百货公司（May D & F Department Store, 1958）与希尔顿酒店（1960）等项目都有很好的声誉，再加上罗伯茨被贝聿铭的人格特质与真挚承诺所感动，这些都是促成贝聿铭最终膺选的重要因素 [2]。7月16日评选委员会第二次会议中，经匿名投票，贝聿铭胜出。10月25日大气研究中心发布公告，正式委托贝聿铭负责该项目的设计。

台中东海大学路思义教堂

夏威夷东西文化中心

麻省理工学院地球科学中心大楼

丹佛 May D & F 百货公司与丹佛希尔顿酒店

　　对贝聿铭而言，国家大气研究中心是个学术研究机构，此前他的业务以集合式住宅与房地产开发案为主，这次的项目是一个新的尝试，也是一次突破现有局面的机会。此外，这也是他首次面对非城市化的环境展开设计，要在空旷的台地上兴建能够满足业主特别要求的建筑物，实在是一大挑战。贝聿铭很豪情地表示曼哈顿的人造摩天大楼哪能与大自然鬼斧神工的落基山脉比高，他将勇于面对这个严峻的挑战。

　　中心的基本要求是能容纳三百至五百位科学家们在此工作，总楼建筑

丹佛 May D & F 百货公司（已被拆除）

丹佛里高中心

丹佛希尔顿酒店（已更名为"双树酒店"，英文名为 Double Tree Hotel）

面积约 9290 平方米，包括研究室、图书馆、展览空间、礼堂、会议室、办公室与餐饮空间等，五六年以后将考虑进行第二期扩建。"混沌而不确定"是罗伯茨博士心中的构想，他希望设置许多小空间供科学家们共聚，"由一处到另一处，可以有五种不同的选择，没有指引的话，人们分辨不出哪条路是最佳途径。"罗伯茨博士这样解释他的混沌不确定的理念。这种想法很契合大气科学研究的精神，也可以促进科学家之间无目的性地交往互动；此外，变通性是设计的必要条件，设备与研究方法随着科技的发展而日新月异，能适当改变的隔间是建筑师不可忽略的一个设计要素。因为要有足够的墙面安装书架、搁放书写板，开窗面积被尽量缩减；另外，罗伯茨博士很不喜欢将实验室安置在长廊两侧的传统布局，这促使研究中心势必往垂直方向发展。当年，大气研究是科学界的"童养媳"，罗伯茨博士胸怀壮志，希望通过兴建一座具有前瞻性的建筑物，为该领域的专家学者们提供一个引以为傲的"家"，以此彰显大气科学的重要性，并为大气研究界创造一个共同的信念象征。对于国家大气研究中心在功能、象征与美学三个层面的要求，贝聿铭随后分别从空间、形式与建材三个方面做了最佳的响应。

当贝聿铭提出第一个方案时，大气研究中心的科学家们惊呆了，他们心目中的"家"是一个便于变通的大空间，而贝聿铭给出的是一栋集合式的大楼，这显然承袭于他昔日房地产开发案的经验。罗伯茨博士认为在开阔的台地上，建筑物的布局应该分散开来，而且研究中心也没有足够多的经费负担高层建筑的建设。此外，贝聿铭初始方案中对建筑物的设计过于完善，以致日后无法在此基础上进行扩建，这是原始设计不被接受的原因之一。由于没有任何留存的文献或图片，初始方案究竟何样已无从了解[3]。

经过多次沟通，贝聿铭领悟到掌握场所精神与尺度是第一要务，既然难与大自然抗争，何不与大自然融合！此前，为了深入了解基地

美国国家大气研究中心配置图（取材自《世界建筑》
（*Global Architecture*），第41期）

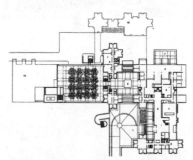

美国国家大气研究中心平面图

美国国家大气研究中心全区模型（国家大气研究中心提供，©UCAR）

情况，贝聿铭曾携带睡袋在台地过夜，还与夫人从新墨西哥州的阿尔伯克基（Albuquerque）驱车至丹佛，沿途参观考察了印第安人的岩石构造遗址。阿纳萨兹悬崖建筑（Anasazu's cliff house）属于世界文化遗产，其构筑色彩与岩壁色调相同，与环境完美融合，这为贝聿铭提供了设计灵感。贝聿铭从印第安人半山所建的穴居上得到启发，意识到需尽量减少用地面积，避免破坏生态环境。此后在进行规划时，为了保存停车场处的一棵大树，步道特别绕树而设，整个202公顷的基地，建筑物仅占用了极小部分，可见建筑师对环境的用心维护。为了让罗伯茨博士的理想得以实现，市政府特别破例一次，突破"蓝线"法令的规定于1961年1月开始对施工区域提供用水。罗伯茨博士也对市政府许诺，将在中心周围保持自然风貌，使建筑与景观和谐共存，而贝聿铭的建筑与配置最终也实践了罗伯茨博士当初的许诺。1963年3月，科罗拉多州政府出资二十五万美元，购下中心中意的一片土地，无偿赠予中心兴建新实验室。

世界文化遗产的阿纳萨兹悬崖建筑（Courtesy of National Park Service）

国家大气研究中心的平面图看似复杂，仔细品鉴，却可以体会出贝聿铭思路的清晰。他以 6.7 米柱距为模数，模数组构成十字单元，十字单元排列成平面，单元之间以廊桥连接。廊桥是贝聿铭作品的特色，尤其在讲求空间效果的博物馆中，贝聿铭一再采用了廊桥，营造出不同视点、视域效果。国家大气研究中心内，部分廊桥被玻璃窗包覆，以便科学家们在埋头工作之余，也能随时观赏户外瑰丽的风景。与大部分总是空间封闭的实验中心不同，贝聿铭在这里增加了人与大自然接触的机会。在低矮的两层楼建筑部分，天窗的设置是贝聿铭另一次发挥。对冬季长期积雪的科罗拉多州来说，能把和煦的阳光引入室内，是一大功德。遗憾的是，贝聿铭将停车场设置在户外，冬季下雪时，去户外停车场对员工们来说则是一场艰苦的跋涉；该地的落山风强劲，风速可达 241 千米 / 时，冬天的风，对通往停车场的工作人员无疑是另一种折磨，这些环境因素就不是仅露宿基地一次的贝聿铭所能料及的。

楼高五层的建筑塔，入口旁的北塔是办公区域，东塔是实验室区域，两塔之间的裙楼部分包括两层楼高的图书馆、餐厅、展览室、会客交谊室等公共服务空间。国家大气研究中心的访客众多，又全年对公众开放，要实施有效控制，确保安全，就势必要分隔开公共与私有区域。贝聿铭

美国国家大气研究中心的图书馆　美国国家大气研究中心的会客室

将办公区域集中在北塔内，罗伯茨博士对此十分赞赏，"让人难以找到的办公室其实是最好的办公室。"对于在北塔工作的员工来说，办公楼层没有冗长的走廊，员工们上下楼时容易交往互动；从安全性的角度来说，外来陌生人要上楼必须经过保安警卫的关卡，而且越高的楼层供级别越高的职员使用，越不容易被人轻易接近。可见私密性与领域感兼具的内部空间是此设计成功之处。工作人员迁入二十余年来内部空间未曾有过重大变更，这是建筑师足以引以为豪的。中心曾经一度因为空间不够使用，征寻愿意搬到山下科罗拉多大学工作的员工，竟然没有一人响应。许多工作室的墙上挂着国家大气研究中心的照片，说明大家都以这座建筑物为傲，以在研究中心工作为荣。

塔楼在五楼处有突出的遮檐，在造型上是收头，在功能上能遮挡高纬度地区的眩光。罗伯茨博士称五楼像个鸟巢，在不同的塔顶各有一个阁楼，由于不位于主动线上，位置很孤立，可使科学家独处不受干扰，是他个人最欣赏的空间。遮檐使得国家大气研究中心在形式上，颇具现代建筑大师勒·柯布西耶风格的厚重雕塑感，一反贝聿铭先前作品中结构的密斯风格，此项目堪称是贝聿铭建筑风格的转折点。柯布西耶的朗香 教 堂（The Chapel of Notre Dame du Haut in Ronchamp, 1953—

美国国家大气研究中心北塔景办　实验室位于国家大气研究中心东塔内
公空间

1955）也建于山麓，是国家大气研究中心创意的原型。贝聿铭日后设计的达拉斯市政厅更进一步发挥了柯布西耶的理念，改变了过去的形式，创造了属于自己的风格。贝聿铭自称国家大气研究中心的设计深受路易斯·康（Louis Isadore Kahn，1901—1974）的影响。若仔细观察平面与造型，国家大气研究中心带有些微路易斯·康所设计的宾夕法尼亚大学理查兹医学研究实验室（Richards Medical Research Laboratories，University of Pennsylvania，1957—1965）的影子[4]，这可从凸出高耸的塔楼与开窗方式上得到验证。开窗方式是国家大气研究中心一个值得探讨的议题，"窗子不是在墙上敲洞，"贝聿铭表示。实验室要控制光源，以人工采光为主；建筑物得呈现厚重坚实感，使得开口不能过多；当地的自然条件使然，强烈眩光扰人，迫使窗户得尽量减少。贝聿铭便以狭长垂直的开口为窗，增加了建筑物的垂直感，使五层的建筑物有超越其楼层的高度感，占外墙面积甚少的开口，有效地解决了上述问题。两组塔楼，有挺拔的雄姿，无凌霄的霸气，很自然地成为国家大气研究中心崇高理想的象征。

塔楼的顶处有突出的遮檐

宾夕法尼亚大学理查兹医学研究实验室大楼　　　美国国家大气研究中心以狭长垂直的开口为窗

　　混凝土是国家大气研究中心最主要的建材，贝聿铭特别从 30 余千米外运来石材将之打碎充当骨材，使混凝土呈红棕色，再经由剁斧处理，露出骨材中的红棕石粒，使体量感十足的建筑物与整体环境相融合，这种对环境美感的尊重与再现，是贝聿铭的设计成就杰出的原因之一。这种处理混凝土的独到方法源于挪威艺术家卡尔·奈沙赫（Carl Nesjar，1920—2015）的创意，彼时在纽约曼哈顿的大学广场公寓（University Plaza，1960—1964），贝聿铭安置了毕加索的雕塑《西尔维塔像》，由奈沙赫采用混凝土将原本平面的画作立体化，混凝土经由喷砂工艺特别处理，有特殊的质感效果。贝聿铭在此项目中将此手法进一步提升，通过建材的质感既响应了中心所关注的环境议题，亦营造了独特的美感。

　　20 世纪 70 年代混凝土雕塑性的表现盛极一时，与当时另一位当红建筑师保罗·鲁道夫（Paul Rudolph，1918—1997）相比，贝聿铭的混

贝聿铭与夫人在工地检视大气研究中心的混凝土样版（美国国家大气研究中心提供，©UCAR）

凝土表现充分显示出场地施工的特性，含蓄地流露出精致的风韵。不同于鲁道夫作品中混凝土质感坚实粗糙，摸上去使人皮破血流，一副粗野蛮横之气。贝聿铭的混凝土表现带有亲密感，吸引人们伸手轻抚，深切体会到材料所发挥的特性。为了增加垂直感，国家大气研究中心中混凝土的纹理是纵向的。虽然皆以混凝土为主，项目不同、要求不同，则表现方式也有所区别，比较得梅因艺术中心扩建项目（1966—1968）、达拉斯市政厅（1966—1977）、康奈尔大学的赫伯特·F·约翰逊艺术博物馆（1968—1973）等项目，乃至晚期的卢浮宫（1983—1989）、美秀美术馆（1991—1997）与德国历史博物馆（1996—2002）等作品，可以发现贝聿铭在混凝土雕塑性上的演进，力求统一中有变化的美感。

　　棱角分明的方正建筑物与曲柔圆顺的平面配置所营造的刚柔并济之感，是贝聿铭最爱的设计手法。印第安纳州哥伦布市克莱奥·罗杰斯纪念图书馆（Cleo Rogers Memorial County Library，1963—1969）的景观与步道、达拉斯市政厅前的大圆水池、康涅狄格州保罗·梅隆艺术中心（Paul Mellon Center for the Arts，1968—1972）的车道、北京香山饭店（Fragrant

美国国家大气研究中心混凝土细部

鲁道夫设计的耶鲁大学建筑与艺术大楼的混凝土表现

贝聿铭设计的德国历史博物馆的混凝土表现

艾弗森美术馆的混凝土表现

得梅因艺术中心的混凝土表现

加州洛杉矶南加大霍夫曼馆（Hoffman Hall, USC）的混凝土表现

Hotel，1979—1982）的流杯渠等，都一一展现了此手法。国家大气研究中心大门入口前的回车场、通往停车场的半圆楼梯，也都在贝聿铭日后作品中出现过，是他在国家大气研究中心做的先验性的尝试。

贝聿铭对建筑的严谨准求，即便是在敷地植栽方面都不忽视。国家大气研究中心东侧的露台区，纵横有序的树木排列表现出秩序性。露台区的绿意与入口的中庭互为对比，中庭被廊桥围绕，较为封闭，空间内铺设石材。原本中庭处有一座喷水池，现在只见硬铺面，因为先前水花被风吹得四处喷洒，造成了许多不便，以致不得不以雕塑取代；贝聿铭为其母校麻省理工学院设计地球科学馆大楼时将地面层挑空，由于该馆面朝冬季季风吹拂的方向，冬天受风压影响，大楼入口处的大门难以推开。一旦开了门，狂风肆虐，袭入馆内，引来教授与学生们的抱怨，贝聿铭解嘲道"我毕业于麻省理工学院，却不知道风洞效应。"显然在设计国家大气研究中心的中庭时，贝聿铭没有汲取上次的教训。在中庭的西北

达拉斯市政厅前的大圆水池

国家大气研究中心通往停车场的半圆楼梯

美国国家大气研究中心东侧的露台区纵横井然的树木

墙面上看到了不该有的水渍，是因为落水系统凸出的长度不足，受季风风势驱动，落水泼溅到墙面所造成的。建筑物高处的女儿墙上，也有些不该有的裂痕，这是因为部分墙面受日晒温度升高，而阴影部分较为阴凉，温差造成了裂痕；中心的建筑是平屋顶，冬天积雪，春天融化，气温变化也造成不少裂缝，裂缝造成漏水，漏水一度对研究中心的维护工作造成了困扰，所幸原本的施工单位将问题解决了。研究中心曾因漏水问题与施工单位、建筑师对簿公堂，最终三方达成协议解决了纷争[5]。虽然有这些可见的小瑕疵，也有屋顶漏水、地基移动等不可见的毛病，但都无损国家大气研究中心的杰出成就。

在基地南侧，本来设计了第三组建筑群，包括实验大楼与会议室，因为经费短缺，始终未开工兴建。对未完成的部分，贝聿铭颇为惋惜，表示这使得国家大气研究中心欠缺了环抱台地的气势。东侧的停车场上，

美国国家大气研究中心的中庭（美国国家大气研究中心提供，©UCAR）

原本计划兴建一间可容纳四百人左右的大礼堂，以地下道与东塔楼连接，但也仅止于设计方案。从现场情形来看，倒是难以察觉这份遗憾。1967年可容纳四百人的研究中心，随着岁月推移，使用人数激增，为了应对空间不足的问题，研究中心于1977年至1980年一共在地下扩建了1858余平方米的面积，以避免破坏原设计的完整性与美感。维护生态、尊重自然的外部空间，又尊重设计者的原创，从而不会令人感觉到建筑物的特异性与侵入性，"本于自然，形势自生，虽由人作，宛若天成"是国家大气研究中心的最佳脚注。为了便于国家科学基金会进驻中心，贝聿铭于1968年在停车场北侧的树丛中，额外增设了一座独立于实验楼的两层楼房，其特色是混凝土的表面未经斧凿，以较光滑的清水方式呈现。这座被称为弗莱施曼馆（Fleishmann Building，1966—1968）的小楼，与研究中心有一段距离，且被树丛遮蔽，除非有心，人们通常不会注意到它的存在。

　　20世纪70年代，中国台湾在采集世界建筑信息时极为不易，由美国新闻署在中国香港印刷的《今日世界》（*Today World*）月刊是少数能令中国台湾人接触到美国建筑信息的渠道之一。1970年7月1日出版

1968年增建的弗莱施曼馆（美国国家大气研究中心提供，©UCAR）

的第 439 期《今日世界》上，刊载了《配合天然景色的建筑杰作》一文，介绍的正是美国国家大气研究中心，附图中只见麋鹿在窗外漫步，真是一幅建筑与自然和谐的画面。二十年后，当我经由丹佛奔赴博尔德市时，站在山脚，向上仰望，其磅礴山势摄人心魄，国家大气研究中心默默地接纳着前来瞻仰的人群。上山的道路受坡地的影响而采用弧形，贝聿铭为了营造朝圣的效果，刻意将道路建得曲折绵延，使得一路上山时所见的国家大气研究中心，随着路径的改变而不断变化面貌。抵达入口时，一方雕塑性强烈的标志映人眼帘，与建筑造型相互呼应。步入门厅，迎面而来的是开敞的大玻璃墙，将建筑物周遭的美景尽数纳入眼帘。门厅北侧墙上有一幅壁画，由科学家梅尔文·夏皮罗博士（Dr. Melvyn Shapiro）构思，由艺术家霍华德·克罗斯莱恩（Howard Crosslen）完成。壁画中的每个线条皆有寓意：曲线代表大气中的气流，鲜黄的圆是太阳，太阳下方上扬的曲线代表维京船，维京船象征北欧人对天文学的研究，褐色的面块是地球，画面上有山、有水、有风暴、有气温分布线，交织出自然气象的景观，巧妙地通过艺术充实了空间，也表现了此建筑物的功能。西侧的休憩会客室挑高两层，敞亮的空间将美景揽入室内，其外有座桥，连接山径，贝聿铭匠心独运，屡次通过巧妙设计将建筑物与大自然融合。通过休憩会客室的大玻璃面，我亲眼看到麋鹿悠然漫步在草丛中，记忆深处的画面油然而生，实景与印象吻合，想象不到二十年前杂志中的美景竟跃然眼前，也再次验证了罗伯茨博士当年保护环境的初衷始终被贯彻着。

　　在贝聿铭的建筑生涯中，国家大气研究中心有极为重要的意义，这是贝聿铭脱离以往集合式住宅与房地产开发项目的首次尝试，是他第一次远离都市尘嚣建造的作品，也是他风格变迁的里程碑之作。更为重要的是，借此作品，贝聿铭获得了美国前第一夫人杰奎琳·肯尼迪的赏识，并被委派设计肯尼迪总统纪念图书馆，地位得到大大提升，使他得以进

美国国家大气研究中心门厅（美国国家大气研究中心提供，©UCAR）

美国国家大气研究中心门厅北侧墙面的壁画　　休憩会客室外麋鹿悠然漫步在草丛中

入更高级别的社交圈，并接连获得如华盛顿国家美术馆东馆、巴黎卢浮宫扩建等举世瞩目的项目，确立了其国际建筑大师的地位。

因为国家大气研究中心的造型非同寻常，导演伍迪·艾伦在其影片《傻瓜大闹科学城》（*Sleeper*，1973）中，将之虚构为21世纪地球政府的总部，展现出未来世界的建筑风貌。现代建筑教父菲利普·约翰逊于1979年就称赞国家人气研究中心是后现代主义建筑中的一座佳作[6]。其风格究竟属于后现代建筑或现代建筑，我们可暂且不论，但不可否认的是：国家大气研究中心无疑是一座卓越的建筑作品。

日本知名建筑摄影师二川幸夫（Yukio Futagawa，1932—2013）身兼《世界建筑》（*Global Architecture*）的发行人与主编，他将国家大气研究中心纳入第41期加以介绍，该集的作者威廉·马林（William Marlin）以中国造园的叠石师（Rock Farmers）为喻，将国家大气研究中心视为庭园中的岩石，称建筑师成功地展现了一个孤独的形象，将此

建筑升华至艺术的境界[7]。根据
威廉·马林的比喻，国家大气研
究中心宛如中国园林中的假山，
是一个人造的景观，其高耸的
塔楼就似叠筑出的磷磷石笋，
凹凸的立面就像褶皱层叠的山
石，在阳光下随日照阴影呈现出
千变万化的面貌，疏朗有致的
布局，呼应了中国庭园的意境。
以中国园林扬名的苏州是贝聿
铭童年一度生活的地方，当年还
是小孩子的他可能并不了解苏
州园林的山石之美，可是他所
设计的国家大气研究中心却蕴
涵着中国造园叠石师流传千古
的睿智卓识，流露出领先于时
代的才华与价值，造就了国家
大气研究中心丰富的艺术感。

秋色中的美国国家大气研究中心（美国国家大气研究
中心提供，©UCAR）

　　1967 年 5 月 10 日，国家大气研究中心落成，启用典礼上，贝聿铭向
所有相关人士的贡献表示致谢，当提到五年前罗伯茨博士"请让建筑不要
显眼""请保存基地的所有野花"等请求时，贝聿铭幽默地表达了歉意，
因为他并没有分毫不差地传达这些理念，反而在风景优美的高原上添加了
一座人工的、非自然的"外来物"。中心入口处的墙面上有一方小小的匾额，
上面写道："如果你在寻找他的纪念碑，环顾周遭吧！[8]""一个一流的
研究中心，应该具有一种非机械性，以创造一种可启发创新思维与孕育智
慧的无形氛围。一座象征或滋养这种氛围的建筑物是专为扩展人类智慧、

精神和对美的追求而设计的，而不仅仅是一个普通的办公所在。大气研究中心的理想并不是要兴建一座纪念碑或庙堂，而是一处让不同学识背景的人能合作无间，或独处沉思，或欣赏自然美景的所在。[9]"国家大气研究中心以落基山脉为背景，创造了罗伯茨博士所向往的高原美境[10]。

以落基山脉为背景的高原美境（美国国家大气研究中心提供，©UCAR）

成就美国国家大气研究中心的两位主角：中心主任罗伯茨博士与建筑师贝聿铭（美国国家大气研究中心提供，©UCAR）

美国国家大气研究中心（美国国家大气研究中心提供，©UCAR）

注解

[1] 1960 年 9 月 20 日向沃尔特·奥尔·罗伯茨博士提交的初步报告。Collection of HISTORY of THE MESA LAB at NCAR UCAR OPEN SKY，file:///C:/Users/admin/Downloads/OBJ%20 datastream%20（37）.pdf

[2] 1961 年 6 月 26 日沃尔特·奥尔·罗伯茨博士与贝聿铭面谈记录。Collection of HISTORY of THE MESA LAB at NCAR UCAR OPEN SKY，file:///C:/Users/admin/Downloads/OBJ%20 datastream%20（38）.pdf

[3] 1985 年 2 月 28 日沃尔特·奥尔·罗伯茨博士的口述历史记录提及全案的设计过程。University Corporation for Atmospheric Research, National Center for Atmospheric Research, Oral History Project, Interview of Walter Orr Roberts, Feb.—Apr.1985, Interviewer: Lucy Warner.

[4] University Corporation for Atmospheric Research, National Center for Atmospheric Research, Oral History Project, Interview of I.M. Pei, May 14, 1985, Interviewer: Lucy Warner.

[5] 同 [3]

[6] Andrea O. Dean, Conversations: I. M. Pei, *AIA Journal*, June 1979, p.61.

[7] GA41: I. M. Pei & Partners, National Center For Atmospheric Research, EDITA, Tokyo, Dec.1976.

[8] 语出英国建筑师克里斯托弗·雷恩爵士（Sir Christopher Wren，1632—1723）的墓志铭 "if you seek his monument-look around you"，雷恩爵士为伦敦设计了五十二座教堂，包括圣保罗大教堂（St. Paul Cathedral，1675）等。

[9] 同 [3]，沃尔特·奥尔·罗伯茨博士对中心建筑计划书的阐释。

[10] 2017 年 8 月 17 日国家大气研究中心特地举办五十周年敬献纪念会，三子贝礼中（Li Chung Pei）代表贝聿铭参加。

第三讲

适地塑形
华盛顿国家美术馆东馆

"伟大的艺术家需要伟大的业主。"贝聿铭如是说。华盛顿国家美术馆东馆的成就正是斯言的最佳见证。

华盛顿国家美术馆的业主是梅隆家族（The Mellons）。根据《美国遗产》（*The American Heritage*）杂志报道，美国历史上最富有的四十个人中，梅隆家族的安德鲁·威廉·梅隆（Andrew W. Mellon，1855—1937）与理查德·比蒂·梅隆（Richard B. Mellon，1858—1933）兄弟

华盛顿国家美术馆东馆（国家美术馆提供，© National Gallery of Art）

就占据两席，其家族在匹兹堡靠银行、铝矿、石油与钢铁积累了大量的财富。1921 年美国总统沃伦·哈定（Warren G. Harding，1865—1923）任命安德鲁·梅隆为财政部长，从上任到卸任，梅隆历经了哈定、小约翰·卡尔文·柯立芝（John Calvin Coolidge, Jr.，1872—1933）与赫伯特·克拉克·胡佛（Herbert Hoover，1874—1964）三任总统，任期长达 10 年零 11 个月（1921 年 3 月 9 日—1932 年 2 月 12 日）。在职期间，梅隆建立了美国联邦预算系统，致力于减少联邦政府在第一次世界大战中所欠下的债务，并修改所得税率，减少民众的负担，以缓解工人阶层的财政负担。这使得美国国债从 1919 年的 33 万亿美元，在十年之间降至 16 万亿美元，功绩卓著。1932 年因遭受民主党参议员弹劾，梅隆辞去财政部长一职，随即被任命为驻英国大使。在英国上任仅一年后，梅隆回到美国，并逐渐淡出政坛，转而投入慈善事业。

为了纪念父亲托马斯·梅隆（Thomas Mellon），早在 1913 年，梅隆兄弟俩就大力资助了其父亲的母校匹兹堡大学（University of Pittsburgh）。在胡佛总统任期内，安德鲁·梅隆就曾表达出捐出个人的艺术收藏，以成立一座美术馆的意愿，但直到 1931 年方展开行动，1935 年发表正式声明，1937 年 3 月 24 日安德鲁·梅隆生日当天，国会接受了他的捐赠，捐赠内容包括经典美术作品与雕塑品，收藏的艺术品价值估算共计 4000 万美元，其中还包括于 1930 年至 1931 年期间从当时的苏联冬宫处释出的二十一幅经典画作。此外，建馆经费约为 1000 万美元。不幸的是，安德鲁·梅隆与负责项目的建筑师约翰·拉塞尔·波普（John Russell Pope，1874—1937）于 1937 年 8 月相继逝世，没能目睹华盛顿国家美术馆的落成。

1941 年 3 月 17 日华盛顿国家美术馆揭幕，安德鲁·梅隆的儿子保罗·梅隆（Paul Mellon，1907—1999）代表致赠。当年安德鲁·梅隆极为谦逊，不赞同以自己的名字为美术馆命名，而是希望借由国家的名义吸引更多人士捐赠支持。开馆前，费城的大企业家山缪·亨利·卡瑞斯（Samuel Henry Kress，1863—1955）就捐赠了 375 件以意大利文艺复兴时期为主的油画与 18 件雕塑品，以及 1307 件铜器等。值得注意的是，除了支援国家美术馆，卡瑞斯的"艺"举几乎遍布美国所有重要的美术馆，丹佛美术馆（Denver Art Museum）、休斯敦美术馆（Museum of Fine Arts，Houston）、波特兰美术馆（Portland Art Museum）等 19 个美术馆莫不受惠。而后又陆续有约瑟夫·厄尔利·韦德纳（Joseph Early Widener，1871—1943）、莱辛·朱利叶斯·罗森沃尔德（Lessing Julius Rosenwald ，1891—1979）等多位重量级捐赠人的支持，大大充实了国家美术馆的收藏。

1940 年年底国家美术馆完工，其新古典主义的馆舍设计出自约翰·拉塞尔·波普之手，以效仿罗马万神庙建造的圆形大厅为中心，向东西两

国家美术馆

翼展开，展品按年代分类展出，展览室配合藏品装潢，以营造最佳的展出氛围。为了达到良好的效果，构建室内部分的石材多达 14 种，它们分别来自美国各州，甚至远从意大利、法国、比利时进口，例如圆形大厅10.97 米高的 16 根巨柱就采用了意大利卢卡（Lucca, Italy）的绿色石材。此外，圆形大厅的视觉焦点是希腊天神墨丘利的雕像，东西走向的长廊从大厅铺展，长廊也是展间，陈列着众多的雕塑。

第一任馆长小戴维·爱德华·芬利（David E. Finley Jr., 1890—1977）曾是安德鲁·梅隆的得力助手，早在 1921 年安德鲁·梅隆担任财政部长之际，就为他谋划了财税政策。受芬利影响，梅隆于 1928 年收集了 24 幅文艺复兴时期的油画与 18 件雕塑品，后都成为华盛顿国家美术馆开馆初期的核心收藏。自 1938 年出任馆长，至 1956 年退休期间，芬利曾大力从事保存二战时期欧洲的艺术品。芬利的继任人约翰·沃克（John

仿罗马万神庙的国家美术馆圆形大厅

国家美术馆的长廊

国家美术馆展间的室内设计配合作品以营造最佳的氛围

Walker, 1906—1995）毕业于哈佛大学，主修艺术史。1935年至1939年在罗马美国学院（American Academy in Rome）任教兼任副院长。在罗马时，他听闻华盛顿国家美术馆建成一事，就向安德鲁·梅隆的儿子保罗写了一封自荐信，此举改变了他的职业生涯。沃克任期内的重要事迹包括1963年从卢浮宫借入《蒙娜丽莎》到国家美术馆展出，此举轰动一时。1967年他购得达·芬奇的《基涅弗拉·德·奔茜肖像》（the Ginevra de' Benci）、伦勃朗的《亚里士多德对荷马的头作冥想》（Aristotle with the Bust of Homer）、埃尔·格列柯（El Greco, 1541—1614）的《拉奥孔》（Laocoon）等经典作品，让馆藏在品质与数量上都大为提升，但其最重大的贡献还是对馆舍扩建工作的筹划。1961年沃克聘用了年仅27岁的约翰·卡特·布朗（J. Carter Brown, 1934—2002）担任助理，三年后布朗被提升为副馆长。布朗认为国家美术馆不单是展览的场所，还应该将资源提供给学者从事研究，他很仰慕埃及亚历山大图书馆（Library of Alexandria, Egypt）的发展历程，因此极力主张在扩建计划中增添一间视觉艺术研究中心。国家美术馆刚开幕时，其130个展览室中只有区区5间拥有艺术品，很难想象至20世纪60年代时，馆舍空间已经不足，因此董事会决定实施扩建工作，唯一的要求是新建馆舍一定要采用原馆舍的大理石作为主要建材。

　　由布朗领导的筹建小组开始了征选建筑师的工作，他到处寻觅邀约，对象众多，甚至远至美国西岸，例如加州大学洛杉矶分校校长富兰克林·墨菲（Franklin Murphy, 1916—1994）等。在建筑业界，他咨询了曾任麻省理工学院建筑与规划学院院长的皮耶特罗·贝鲁斯基（Pietro Belluschi），后者为他提供了一份名单，其中包括菲利浦·约翰逊、凯文·洛奇（Kevin Roche, 1922— ）、贝聿铭、何塞·路易斯·赛特（Jose Luis Sert, 1902—1983）、马塞尔·布罗伊尔、爱德华·史东（Edward Durell Stone, 1902—1978）、哈里·威斯（Harry Weese）、路易斯·康、保罗·鲁道夫、路德维希·密斯·凡德罗、SOM 建筑设计事务所、山崎实等[1]。同时贝鲁斯基还绘制了一张配置草图,遵循了陌区(The Mall)建筑物的惯例,将入口安排在南侧,在西侧有天桥跨越第四街,与旧馆相连。其目的只是为了初步估算建筑面积,好让筹建小组能根据面积筹措经费。同时,馆方按照贝鲁斯基的名单一一发出邀请函,请建筑师们提供作品集与相关数据,名单中的路易斯·康回信表示无意参与[2]。

　　筹建小组走访了建筑师们的事务所并研究了他们的作品,初步决定邀请约翰逊、洛奇与贝聿铭等设计师进入复选。约翰逊对其在博物馆设计领域的成就夸夸而谈,他的自我推销使布朗印象深刻;而洛奇以作品说话,他的加州奥克兰博物馆(Oakland Museum, 1961—1969)以景观手法隐匿了建筑物,令人联想到他所设计的纽约福特基金会大楼(Ford Foundation Building, 1963—1968),办公空间围绕着充满绿意的室内庭园,这颇令布朗心动。然而当时洛奇正忙于应对纽约大都会博物馆的扩建工作,因此馆方怀疑他是否能够一心多用地投入国家美术馆东馆的设计任务。而后,布朗参观了贝聿铭的第一个美术馆作品——艾弗森美术馆,其空间格局正是布朗心目中所希冀的:一个中庭,中庭内有一个雕塑感的楼梯,还有多个尺度互异的展览室。他也走访了得梅因艺术中心,其扩建的雕塑馆谦逊地与主馆融合,传达了贝聿铭对既存建筑的尊重,不禁令人想象到未来国家美术馆新旧馆间的关系。在体验过国家大气研究中心,并且知晓其造价没有超过预算后,筹建小组对贝聿铭的好印象愈发强烈。不过让布朗下定决心的还是因为一件小事,艾弗森美术馆开幕晚宴上,贝聿铭居然缺席,因为他正在医院接受急救,先前贝聿铭在调整一个混凝土管的位置,要将其向左移动约 5.08 厘米(2 英寸),在移动时不幸被倒下的混凝土管割伤了手指。这个事件令布朗意识到贝聿铭是一个完美主义者,而他应该就是设计国家美术馆东馆的最佳人选[3]。

　　1968 年 7 月 9 日馆方发布新闻,宣布贝聿铭正式被遴选为设计新馆的建筑师，从提供数据至公布委托，整个程序耗时九个月之久，由此可知馆方的慎重。接着贝聿铭与布朗在雅典会面，展开他俩的欧洲博物馆考察之旅，第二站到意大利，接着至丹麦、法国与英国，旅程长达三周，参观了十八个博物馆。他们参访的重点不仅着眼于观察不同博物馆的优点，还试图发掘其缺点，希望日后不要重蹈覆辙。贝聿铭对于丹麦路易斯安那现代艺术博物馆（Louisiana Museum of Modern Art）格外钟情；而布朗则欣赏米兰的波尔迪·佩佐利博物馆（Poldi Pezzoli Museum），这个由私人宅邸改建而成的博物馆，四层楼的馆舍尺度亲切，这激发了他俩"馆中馆"（house museum）的设计灵感[4]。

凯文·洛奇设计的加州奥克兰博物馆

洛奇设计的纽约大都会博物馆扩建项目

贝聿铭设计的艾弗森美术馆

贝聿铭设计的得梅因艺术中心雕塑馆

非方正的基地、陌区建筑规范的限制、与陌区纪念性尺度融合的要求、与原有的西馆建筑要有所关联的条件等，都是东馆设计所要面临的挑战。贝聿铭自述在一次会议结束后，从华盛顿飞回纽约的途中，他在信封上随手画下三个三角形，这竟然成了日后国家美术馆东馆设计发展的源头。梯形的基地对角切割，构成一个直角三角形与一个等腰三角形。等腰三角形作为展览空间，等腰三角形底部的垂线向西延伸，与西馆东西走向的长廊轴线合二为一，这颇符合约翰·拉塞尔·波普的对称与轴线设计准则。南侧紧邻宪法大道的直角三角形则作为视觉艺术高级研究中心与行政空间之用。两幢独立的建筑由三角形的中庭连接。从文献追溯设计发展的过程可以看出：1968 年 10 月 1 日的草图显示了中庭的构思，其剖面有得梅因艺术中心的影子；为满足馆方对自然采光的要求，1969 年1 月 19 日的草图中出现了层层缩退的屋顶；到 1 月底，平面的雏形与天桥的概念初步显现；2 月 18 日的概念图则确定了在角隅处安排三个垂直的小空间，以实践"馆中馆"的概念，这是最关键的进展，国家美术馆东馆平面设计从此就遵循该草图一路推进。

1968 年年底，约翰·卡特·布朗赴墨西哥出席博物馆研讨会，其间一位行为学家表示，普通人参观博物馆的时间一般以 45 ～ 60 分钟为宜，超过则会产生焦虑感。布朗据此推算展示空间应该以 1 万平方英尺（约929 平方米）的面积为上限，这成了确定新馆规模的依据之一。同时旧馆所欠缺的演讲厅、商店、储藏室、停车场与餐厅等都寄托新馆予以弥补，这使得新馆除了展示艺廊与研究中心的功能之外，还开辟了许多服务空间。贝聿铭的对策是将这些需求全部地下化，并且以电动步道连接新旧两馆。可馆方对修建电动步道的想法有些迟疑，认为太像机场设施，而且贝聿铭以明亮的照明设计为诉求，也与美术馆的庄严气氛颇不搭调，但最终馆方还是妥协并采用了建筑师的设计。事实证明贝聿铭的构想是正确的，电动步道长 52.4 米，这种动线安排可以很自然地吸引参观者往

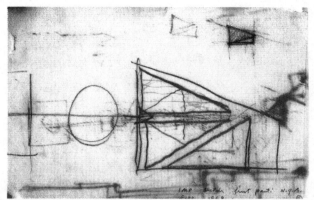

贝聿铭为国家美术馆东馆绘制的基地概念图（国家美术馆提供，©National Gallery of Art）

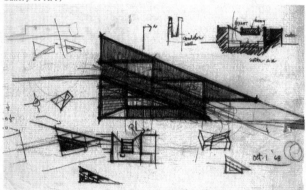

1968年10月1日国家美术馆东馆的草图，其剖面有得梅因艺术中心的影子。（国家美术馆提供，© National Gallery of Art）

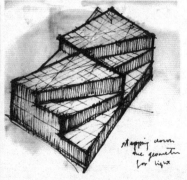

1969年2月18日国家美术馆东馆的草图，在角隅处安排三个垂直的小空间，实践"馆中馆"的概念（国家美术馆提供，© National Gallery of Art）

1969年1月19日国家美术馆东馆的草图，退缩的屋顶便于采集自然光。（国家美术馆提供，© National Gallery of Art）

返于两馆之间，增加了两馆的参观人次。2008 年 10 月，馆方以艺术家利奥·维拉里尔（Leo Villareal, 1967— ）的作品《多元宇宙》（*Multiverse*）取代地下通道的照明系统，41000 颗 LED 灯在计算机操控下，呈现出动态的科技艺术。

　　空间地下化的最大困难是空间过于闭塞阴暗，因此贝聿铭以天窗与瀑布的设置突破，天窗提供自然光，瀑布提供视觉兼听觉的体验，而这些都是地面广场设计的延续。新旧两馆之间相隔着第四街，初始方案中贝聿铭以其一贯偏好的大圆设计了一个水池，水池的圆形意在呼应西馆的圆形大厅。水池位于广场上，广场以俄克拉荷马州所产的花岗卵石铺地，试图凭借建材的一致性将贯穿第四街的车道空间与广场整合，而如今的风貌是几经调整修改后的成果。因为担心水池可能漏水，会损及正下方的地下层收藏空间，所以取消了水池。大圆的水池由车阻所组成的圆形空间取代，圆形空间内则是玻璃三角造型与喷泉，而且圆形空间向西移动，以使东馆前拥有较宽裕的广场空间。有人认为国家美术馆广场上的玻璃三角造型是卢浮宫玻璃金字塔的前身，贝聿铭解释设计两者的出发点其实截然不同。东馆广场上的玻璃天窗造型尺寸既小又不统一，7个玻璃天窗高度从 1.89 米到 3.42 米不等，采用的是反射玻璃，便于自地下层暗处往亮处看，是单向的效果，并且造型并非纯粹的几何形，呈 70

连接东西两馆的电动步道

闪亮照明的电动步道

度的角度乃华盛顿街道角度的再现 [5]。华盛顿国家美术馆东馆景观建筑师丹·凯利在喷泉北侧种植了一排樱花树，在鹅卵石铺面的两侧规划了规则排列的树丛，利用整齐的植栽衬托了建筑的几何造型。这个鹅卵石广场是建筑物的前景，这使东馆得以将入口安排在第四街，而非一般人所认知的南侧宪法大道（Constitution Avenue）上。以东西轴线考虑设计，最大的优点是可以充分利用基地。如果入口在南侧，又要照顾到对称的需求，势必会令建筑物的规模缩减。北侧宾夕法尼亚大道（Pennsylvania Avenue）有限高 39.6 米的规定，南侧宪法大道则要求楼高要低些，同一基地南北侧高度有所差异，是对建筑设计的局限，而高度正是华盛顿艺术委员会所关切的问题。

华盛顿的建筑都得经过艺术委员会的审议，艺术委员会成立于 1910 年 5 月 17 日，共有七位成员，包括建筑师、景观建筑师、雕塑家与法律界人士，无需经由参议院审批，由总统直接任命，任期四年，可以连任。国家美术馆东馆一案送审时，艺术委员会的主席威廉·沃尔顿（William Walton, 1909—1994）是一名画家，副主席伯汉姆·凯利（Burnham Kelly, 1912—1999）是康奈尔大学建筑艺术规划学院院长，也是首任主席丹尼尔·伯汉姆（Daniel Burnham, 1846—1912）的外孙。其他委员分别是建筑师戈登·邦夏（Gordon Bunshaft, 1909—1990）、建筑师约翰·卡尔·瓦内克（John Carl Warnecke, 1919—2010）、景

第四街广场上的喷泉

地下层的瀑布

第四街的广场以及玻璃三角造型采光罩

观建筑师佐佐木英夫（Hideo Sasaki, 1919—2000）、艺术家西奥多·罗萨克（Theodore Roszak, 1907—1981）及艺术与建筑评论家艾琳·沙里宁（Aline Saarinen, 1914—1972），她是著名建筑师埃罗·沙里宁的遗孀[6]。艺术委员会对于贝聿铭的提案以 4∶2 投票通过，投下反对票的是艾琳·沙里宁与主席威廉·沃尔顿。沃尔顿对于建筑物的高度深切关注，写了一封信向贝聿铭表明立场："你的建筑很独特，檐口是强烈的连续线条，与档案馆、国家美术馆的圆顶，在形式与体量上都很不同。""从美学与政治的角度来说，你的新馆舍位于一长排朝向国会山庄的建筑群中，将是一个刺眼的、过度自信的端点。[7]"1970 年 1 月艺术委员会收到的建筑模型，与日后定案的模型极为不同，视觉艺术高级研究中心的造型与立面经过很大的改动。模型的东立面与南立面的格子窗，日后全都改为水平带窗，以呼应西馆水平的意象。为避免南立面过长的连续线条所产生的单调感，贝聿铭刻意将立面按比例分割，形成雕塑感强烈的凹凸造型，同时还增设了屋顶露台，以突破平屋顶的单调，并使视觉艺术高级研究中心与西馆等高。当时尚存一个问题，就是连接展览空间与行政大楼两座功能差异的建筑的中庭始终无法定案。

　　为了加速设计的进程，贝聿铭特别聘请波士顿的建筑师保罗·史蒂文森·奥勒斯（Paul Stevenson Oles）为顾问[8]，借助他绘制透视图的卓越才华，将设计概念转化为具体的呈现以便随时检讨改进。根据1970年11月6日的中庭透视图所示，这个大空间原本是被混凝土平顶覆盖。可是据项目经理雷纳德回忆，有一天贝聿铭突然改变心意，决定将平顶改为天窗[9]，这是很重大的一步，使得东馆拥有了迥然不同的设计，但是天窗的规模与形式还是几经斟酌。1970年12月1日的透视图中出现了一座东西向的天桥，虽然有了天窗，但天窗并没有完全覆盖中庭，在靠近视觉艺术高级研究中心处，依然是厚实的格子梁楼板，直到1971年3月4日经由对透视图的进一步修改后，中庭才得以完整地沐浴在阳光中，出现开阔明亮的大空间，同时中庭种植树木，将自然引入室内以提升意境。

1970年1月向艺术委员会呈送审查的建筑模型，第四街广场初始的方案是一个大圆水池（国家美术馆提供，© National Gallery of Art）

设计定案的建筑模型，广场与东立面的设计更改（国家美术馆提供，©National Gallery of Art）

贝聿铭将此中庭视为室内广场，是第四街户外广场的延续。而在室内种树也是贝聿铭作品的标志之一。

　　受中庭大跨距的先天条件影响，天窗的构造繁复，初期的天窗结构系统颇似肯尼迪图书馆的玻璃大厅，以致结构组件过多，缺乏流畅轻快的效果。而后经过再三修改，采用了空间桁架结构，以 10.66 米 ×13.71 米（35 英尺 ×45 英尺）为模矩，使天窗数量得以减少至 25 个。此外，考虑到冬天积雪与平日下雨等天气因素，每个天窗之间还特别设计了融雪与排水的管道。为了使人能仰望蓝天，瞧见三个角隅处的塔楼，天窗还刻意采用了透明玻璃。但是透明玻璃所形成的直射光线过于明亮，且有紫外线辐射的光污染，因此玻璃的夹层中设有紫外线滤片，内侧又装设了铝金属圆管，形成百叶，使光线漫射入室内，产生柔和的亮度，这样的手法在日后项目中被屡次运用，成为贝聿铭作品的独特标志之一。

1969 年 11 月 6 日的透视图，中庭被厚重的混凝土楼板覆盖（国家美术馆提供，©National Gallery of Art）

1970 年 12 月 1 日的透视图中出现东西向的天桥（国家美术馆提供，© National Gallery of Art）

1971 年 3 月 4 日的透视图，中庭完整地沐浴于阳光中（国家美术馆提供，© National Gallery of Art）

东馆中庭

中庭内的天桥不单是动线，其宽度被刻意加大，使得天桥也成为一个展览空间。为了避免使天桥的支柱妨碍空间的通透，因此没有设置支柱，这使得天桥势必悬空，致使梁的厚度不得不加深。天桥的梁深达 1.20 米，比实际结构的需求略大些，尺寸是配合大理石的大小所决定的，西馆的每块大理石是 1.5 米 × 0.6 米，0.6 米成为立面的模矩，这让水平线条可

中庭天窗采用透明玻璃，玻璃的夹层　中庭天窗内侧装设了铝金属圆管，形成百叶，产生柔和的亮度
有紫外线滤片以防光污染

中庭天窗细部（贝考弗及合伙人事务所提供，©Robert Lautman）

以处于同一高度，大大地减少了空间中线条交织的紊乱感，营造出简洁纯净的空间。可惜四楼天桥尽头长期封闭着，使得通往展览室的动线被终止于此，丧失了当初的设计初衷。

　　董事会最初就决定东馆采用与西馆相同的大理石建造，这促成贝聿铭首次采用大理石作建材。当年约翰·拉塞尔·波普是以1.5米×0.6米×0.3米的石材构建的西馆，时隔30年，因受经费所限，贝聿铭只能选用1.5米×0.6米×0.07米的石材，还得应对大理石矿区产量短缺的困境。早年西

高悬于中庭的天桥

天桥是动线也是展览空间

天桥尽头被封闭，造成动线终止

东馆的大理石立面

馆的大理石色泽有 15 种层次, 而东馆的石材只有 5 种。幸运的是, 当年参与了西馆工程, 曾负责田纳西州矿区建设的建筑师马尔科姆·赖斯(Malcolm Rice, 1898—1997) [10] 为东馆的修建复出, 负责精挑细选大理石, 使立面的色泽纹理得以从底部向上流畅地渐变, 经过三年半的前置作业, 才将备好的石材运到工地。石材以干式营建, 每片石板以不锈钢钉勾挂, 外墙石板之间预留了 0.32 厘米的间隙, 以避免石板因热胀冷缩而碰撞损坏, 而室内墙面的间隙是 0.16 厘米。转角处的石材, 通常以两片石材砌合连接, 由于东馆以三角形为基本形式, 导致石片过薄容易缺角碎裂, 尤其视觉艺术高级研究中心西南角处, 是从基地形状切割出的角度, 具有特殊的意义。虽然石匠坚称无法操作, 希望建筑师截除西南角处尖锐的部分, 然而贝聿铭技高一筹, 他将电梯、楼梯、洗手间等设施整合到一起, 将角隅的尖端以呈 L 形的完整石块堆砌, 力求保持 19 度 28 分 68 秒的尖角, 使得这堵高墙就像剃刀般耸立, 精彩地展现出高超的设计功底。人们参观东馆之际莫不对此处理感到好奇, 无不触摸这个尖角, 向这一卓越的建筑默默表达仰慕之情, 多年以来此墙角被触摸出了凹痕, 这也反映了东馆受欢迎的程度。

室内, 从二楼直通四楼的电扶梯, 旁边的石材墙面配合扶梯, 雕塑成凹壁, 这是对大理石的又一次精彩运用。贝聿铭有心借由此凹壁吸引人们上楼到天桥, 从上方体验俯览东馆的空间变化。为了配合石材的色泽, 全馆的清水混凝土都是特别定制的, 与水泥所混合的骨材援引了美国国家大气研究中心的手法, 以力求水泥的色彩与大理石的和谐统一, 为确保清水混凝土的质量, 花旗松木模板的质感纹理都经过精挑细选, 就像制作家具般力求调和, 而且木模板只使用一次。仔细观察东馆的清水混凝土墙面时, 会发现没有气泡所造成的疤痕, 光洁的质感有若仿制的大理石般, 其设计与施工可谓水平上乘。日后巴黎卢浮宫工程的混凝土处理就效仿了东馆的手法, 由此可知贝聿铭对此设计多么引以为傲。此外, 施工单位的营造厂为了激励工人们的荣誉感, 特别安排工人们参观了模

东馆西南角处的尖锐高墙　　　　　　　　　被参观者朝拜抚摸的转角石

型，展示了其工作的重大意义，借此引发了工人们对参与项目的骄傲之情，以使其能够用心地进行施工，由此再次反映了东馆建造过程的用心 [11]。

　　将艺术融入建筑是贝聿铭最为偏爱的设计理念之一，馆方也有野心借由新馆的扩建收藏更多现代艺术大师的作品。为此贝聿铭提议了数个颇具潜力的艺术品设置地点，其中之一是国家美术馆东馆西立面的参观者入口处，当时贝聿铭中意的艺术家是让·杜布菲（Jean Dubuffet，1901—1985）。为了使作品契合建筑物的尺度，杜布菲曾特地自巴黎至华盛顿视察建筑模型，几经磋商后，他提议安置一件名为《欢迎大游行》（Welcome Parade）的作品，那是一个高四米，由五个抽象人体组成的巨大雕塑，计划将其安置在东馆的入口处。但是此时另一位大师亨利·摩尔也相中了同一个位置，所以馆方决定将两者作品的位置互换，将《欢迎大游行》安置于建筑物北侧宾夕法尼亚大道的绿地上。宾夕法尼亚大道

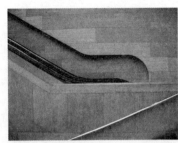

从二楼直通四楼的电扶梯

电扶梯石材细部

特别定制的混凝土墙面

是议员们至国会山庄的必经之路，馆方考虑到保守的议员们未必欣赏此作品，最终只得将《欢迎大游行》取消了。此后，杜布菲基金会（Foundation Dubuffet）2008年在巴黎大皇宫（Grand Palais）举办杜布菲大展，该作品一度公开展示。

贝聿铭与亨利·摩尔的友谊早于1968年就建立了，贝聿铭设计第一个美术馆艾辐森美术馆时，入口广场处就安置了一座摩尔的《卧像》，尔后在印第安纳州哥伦布市克立罗杰纪念图书馆、新加坡华侨银行、达拉斯市政厅中皆可见到大师的艺术品。国家美术馆东馆如此重大的项目，贝聿铭当然力荐亨利·摩尔。贝聿铭一直认为亨利·摩尔作品风格与他的建筑之间有虚实相倚的特色，而且其抽象有机的造型，在尺度上能随基地要求放大而不会有违和之感，与建筑物相得益彰。这就是贝聿铭如此钟情于亨利·摩尔作品的缘由。

新加坡华侨银行旁亨利·摩尔的雕塑　　　　达拉斯市政厅前亨利·摩尔的雕塑

亨利·摩尔对自己的作品当初被设置于北侧基地的安排大为不悦，向贝聿铭抗议雕塑需要阳光才能体现立体感，并表示他心目中的最佳位置是西侧的入口。既然杜布菲的作品没被接纳，入口处的设置点就顺理成章地让给了亨利·摩尔的作品。其实，摩尔的第一个提案贝聿铭并不满意，他建议摩尔以两件微微分开的组件构成作品，好巧妙地让人们能从间隙看到入口，而不是看到一个巨大的物体突兀地摆在门口。最终亨利·摩尔提议设置的《对称的双刃》（*Knife Edge Two Piece*），巧合地呼应了贝聿铭所设计的西南角处著名的尖角 [12]。

另一件关键作品位于中庭。起初贝聿铭希望在偌大的空间内设置一件垂吊的艺术品，并确定亚历山大·考尔德（Alexander Calder，1898—1976）的动态雕塑为最佳选项，动态雕塑的理念于 20 世纪 30 年代产生，是考尔德知名的系列创作。当卡特·布朗与贝聿铭到法国访问考尔德的工作室时，考尔德就急切地表示已经有局部的成果可供检验。考尔德所构思的《无名》（*Untitled*），是一件由 13 个叶片组成，宽 23.16 米，重达 2.27 吨的动态雕塑，其重量远超天窗结构所能承受的范围。贝聿铭十分困扰，因为天窗的结构系统不可能因为艺术品而改变，唯有改变艺术品才能解决问题，这对考尔德而言几乎难以接受。因此馆方邀请了野兽派大师马蒂斯的孙子保罗·马蒂斯（Paul Matisse, 1933— ）[13] 协助，

东馆入口处亨利·摩尔的雕塑

将原本的钢材改为铝料，修改了节点的焊接方式，作品减轻到 417 千克，得以更轻盈，纵然考尔德对此更改颇有微词，但是他最后仍然接受了馆方的改动。1977 年 11 月 18 日《无名》终于在东馆中庭得以展示，可惜考尔德未能目睹其风采，他已于 1976 年 11 月 11 日逝世矣！多年来沐浴在阳光下的《无名》风采不减，归功于馆方的得力维护，2004 年 4 月 29 日《无名》曾经被卸下、全面维护过一次，2005 年 6 月 7 日被重新安装展出。

东馆的工程于 1968 年 7 月 5 日就取得了建造许可，由于设计进度始终落后，直到 1971 年 5 月 6 日施工方才破土动工。1969 年 5 月董事会才见到初步设计构想，但是投资人保罗·梅隆却并不焦急，他留给贝聿铭的团队充裕的时间以完善设计。截至 1974 年 6 月，工程进度只达到36%，与原定于 1975 年底竣工的期限之间有颇大的差距，但为确保成品的精益求精，业主没有对建筑师与施工方施加赶工的压力。值得注意的是，兴建过程历经波折，除了遭遇罢工与建材价格飞涨以外，因为基地地下水位高，地基还必须深至地下 11.28 米处，要克服地下水的浮力，地底

东馆中庭亚历山大·考尔德的动态雕塑

楼板厚达 1.82 米；由于空间内无柱子，最大的跨距达 54.86 米，大跨距令结构的钢料费用大增，结构顾问魏匹公司（Weiskopf & Pickworthy, New York）[14] 在其中的贡献不容忽略；为了要与西馆和谐呼应，东馆还特别使用与西馆相同的大理石，从田纳西矿石厂精选石材，又添加了一笔不赀的预算；为了让混凝土的色彩与质感配合大理石，特殊级配的处理与模板使用的方式，更是增加费用的原因之一；此外，中庭的天窗面积达 1486 平方米，以空间框架结构系统支撑，其中的排水融雪等设备的购置，都需要更多经费的投入才能达成。凡此种种，导致预算从最初估测的 3000 万美元，飙升至完工时的 9400 万美元，如果不是因为梅隆姐弟 [15] 毫不迟疑的赞助，没有任何一个业主能担负起如此无限度的追加。

　　1978 年 6 月 1 日，东馆终于落成，开幕典礼上保罗·梅隆致辞表示"我一生中委托过许多与艺术有关的工作，其中最伟大的当属国家美术馆东馆一项，最终决定委托贝聿铭作为建筑师是我做的选择，这也是我最为骄傲的选择。[16]"另外，约翰·卡特·布朗在口述历史时如是表示"我始终是贝聿铭作品的崇拜者。我认为空间与形式是美术馆所必需的，人们触目所及的建筑，庇护了生活周遭的一切，一栋丑陋的建筑不可能传达美感。对美术馆而言，美感是最重要的，我认为贝聿铭与我共同达成了这个目标。[17]"由此可见，保罗·梅隆、布朗与贝聿铭彼此惺惺相惜与合作无间才是东馆成功的关键。

保罗·梅隆在东馆的落成典礼上致辞（国家美术馆提供，© National Gallery of Art）

东馆的铁三角：馆长约翰·卡特·布朗、业主保罗·梅隆、建筑师贝聿铭（国家美术馆提供，© National Gallery of Art）

东馆开放后好评如潮，媒体报道的次数创下纪录，也吸引了汹涌的人潮，参观人数至当年 7 月 21 日就达到百万人次，次年整年度的参观人次又打破纪录，达到了 550 万人次。2004 年美国建筑师协会（American Institute of Architects）颁发 25 年奖，对东馆历久弥新的卓越成果给予肯定。2005 年 5 月美国邮政署（U.S. Postal Service）发行了一套名为《美国现代建筑经典》的邮票（*Masterworks of Modern American Architecture*），共计 12 张 [18]，而贝聿铭设计的国家美术馆东馆是其中之一，西南隅处的锐角高墙是东馆的标志。1998 年举办了东馆创建 20 周年纪念活动，贝聿铭参加了庆祝活动，被第四任馆长厄尔·亚历山大·鲍威尔三世(Earl A. Powell III, 1943—)询问是否仍坚信建筑是实用艺术[19]时，贝聿铭表示时空的更迭让他更加认定建筑就是艺术，而东馆就是此信念的具体实践。

建筑专业杂志以专刊的形式报道国家美术馆东馆　　1978 年 8 月的《建筑纪事》（*Architectural Record*）以国家美术馆东馆为封面　　美国现代建筑经典邮票

2004 年荣获 25 年奖的国家美术馆东馆（国家美术馆提供，© National Gallery of Art）

注解

[1] Anthony Alofsin edited, *A Modernist Museum in Perspective: The East Building, National Gallery of Art*, National Gallery of Art, Washington, 2009, p.145, note 33.

[2] National Gallery of Art Oral History Program, Interview with J. Carter Brown, Conducted by Anne G. Ritchie, Feb. 7, 1994 , Washington, D.C., Gallery Archives.

[3] 同注 [2].

[4] National Gallery of Art Oral History Program, Interview with I.M. Pei, Conducted by Anne G. Ritchie, Feb. 22, 1993, New York City, New York, Gallery Archives, p.4. 贝聿铭与约翰·卡特·布朗所追求的 house museum 系指展览室的空间，具有宛如住宅般亲切温馨的氛围，尺度不过于巨大，尔后在设计过程中发展出三个独立的小展览空间，笔者以"馆中馆"名之。

[5] Philip Jodidio and Janet Adams Strong, *I. M. Pei: Complete Works*, Rizzoli, New York, 2008, p.348, note 23.

[6] 艾琳·沙里宁出身于德国犹太裔家庭，受母亲的鼓励研读艺术，1941 年获得纽约大学建筑史硕士学位，1944 年为《艺术新闻》（*Art News*）杂志工作。自 1948 年至 1953 年担任纽约时报艺术版助理编辑，同时发表许多评论文章。1951 年离婚，1953 年至底特律采访建筑师埃罗·沙里宁（Eero Saarinen, 1910—1961），两人坠入爱河，于 1954 年二度结婚，婚后为避免利益冲突，一度停笔，专心协助沙里宁。沙里宁过世后，为纪念亡夫，她编着了一本精彩的沙里宁作品集。1962 年复出，为国家广播公司（National Broadcasting Company，简称 NBC）的周日节目担任艺术与建筑编辑，所制作的纪录片颇受欢迎。1963 年至 1971 年被任命为华盛顿艺术委员会委员。

[7] 同注 [4] p.8；另见 Michael Cannell, *I. M. Pei – Mandarin of Modernism*, Carol Southern Books, New York, 1995, pp. 252—253.

[8] National Gallery of Art Oral History Program, Interview with Paul Stevenson Oles, Conducted by Anne G. Ritchie, Feb.1, 1994, Washington, D.C., Gallery Archives.

[9] 同注 [5] pp. 137—138.

[10] 诸多的文献数据显示马尔科姆·赖斯是一位石匠，事实上赖斯于 1919 年毕业于耶鲁大学建筑系，赴欧洲游学一年后，返美自行执业，1929 年加入约翰·拉塞尔·波普建筑师事务所，参与国家档案馆（National Archives Building, 1933—1935）、杰斐逊纪念堂（Thomas Jefferson Memorial, 1939—1943）与美国药剂师协会馆（American Institute of Pharmacy Building, 1932—1934）等工程。1938 年被派驻田纳西州诺克斯维尔（Knoxville）的矿场，负责国家美术馆石材选择之工作。1950 年搬迁至诺克斯维尔，在田纳西大学担任校园规划建造工作，于 1970 年退休。如今田纳西大学建筑系设有以他名字命名的奖学金。

[11] Michael Cannell, *I.M. Pei – Mandarin of Modernism*, Carol Southern Books, New York, 1995, pp. 255—256.

[12] 有关国家美术馆东馆艺术品的甄选过程，贝聿铭在口述东馆建造历史时有颇详尽的叙述，详见注 [4]，pp. 26—40.

[13] 保罗·马蒂斯自身也是一位艺术家，在剑桥的波士顿地铁肯德尔／麻省理工学院站内（Kendall/ MIT station），有一件交互式的音效公共艺术就是他的作品。

[14] 魏匹公司于 1920 年由塞缪尔·魏斯科普夫（Samuel Weiskopf, 1857—1943）与约翰·皮克沃思（John Pickworth, 1895—1964）共同创立。纽约利佛大楼（Lever House）是公司于二战之后最知名的作品之一。自 20 世纪 60 年代开始与贝聿铭及合伙人建筑师事务所合作，公司独立设计了威明顿美国人寿保险大楼（American Life Insurance Co. Building, Wilmington, 1963—1971）、华盛顿朗方广场（L'Enfant Plaza, Washington, D.C., 1968）、波士顿基督科学中心（Christian Science Church Center, Boston, 1964—1973）、加拿大多伦多皇家商业银行（Canadian Imperial Bank of Commerce, Toronto, 1967—1973）、新加坡莱佛士城（Raffles City, Singapore, 1973—1986）等建筑。

[15] 保罗·梅隆的姐姐艾尔萨·梅隆·布鲁斯（Ailsa Mellon Bruce, 1901—1969）是安德鲁·威廉·梅隆的长女，也是一位赞助艺术的慈善家。1940 年成立阿瓦隆基金会（Avalon Foundation），以赞助大学奖学金为主要宗旨。1967 年将个人收藏的 18 世纪英国家具与陶瓷品悉数捐给卡耐基学院。1969 年将 153 幅法国艺术家的油画捐给国家美术馆；同年将阿瓦隆基金会与保罗·梅隆的欧道明基金会（Old Dominion Foundation）合并，易名为安德鲁·威廉·梅隆基金会（Andrew W. Mellon Foundation），以纪念其父。保罗·梅隆终生都是慈善家，高中毕业于康涅狄格州沃林福德的乔特罗斯玛丽霍尔学校（Choate Rosemary Hall School, Wallingford, Connecticut），1972 年请贝聿铭设计了艺术中心以回馈母校。1929 年于耶鲁本科生院毕业，1974 他请路易斯·康设计了耶鲁大学英国艺术中心（Yale Center for British Art, 1969—1974），1962 年沙里宁设计的以斯拉·斯泰尔斯学院（Ezra Stiles College）与摩尔斯学院（Morse College），为耶鲁校园注入现代建筑风格。1999 年保罗·梅隆捐献 800 万美元给剑桥大学费茨威廉博物馆（Fitzwilliam Museum），因为他于 1931 年就读于剑桥大学克莱尔学院（Clare College）。

[16] A Centennial Celebration of I. M. Pei at the National Gallery of Art, Feb. 5, 2017.

[17] 同注［2］, p.49.

[18] 按作品排列由左至右，由上至下，这 12 件作品是: 1959 年纽约古根海姆博物馆 / 弗兰克·劳埃德·赖特、1930 年纽约克莱斯勒大厦 / 威廉·范·阿伦、1964 年费城文娜·文丘里住宅 / 罗伯特·文丘里、1962 年纽约环球航空公司飞行中心 / 埃罗·沙里宁、2003 年洛杉矶迪士尼音乐厅 / 法兰克·盖里、1951 年芝加哥湖滨公寓 / 路德维希·密斯·凡德罗、1978 年国家美术馆东馆 / 贝聿铭、1949 年新迦南玻璃屋 / 菲利普·约翰逊、1963 年纽黑文耶鲁大学艺术与建筑馆 / 保罗·鲁道夫、1983 年亚特兰大高等艺术博物馆 / 理查德·迈耶、1971 年菲利普斯·埃克塞特中学图书馆 / 路易斯·康、1970 年芝加哥约翰·汉考克中心 / 布鲁斯·格雷厄姆与法兹勒·汗（SOM 建筑设计事务所）。

[19] 1983 年贝聿铭接受普利兹克建筑奖致辞时，曾言"I believe that architecture is a pragmatic art"。

第四讲

摩天竹节
香港中银大厦

中国香港维多利亚港两岸群楼高耸，其中的中银大厦以独特的造型为天际线增辉，这座建筑与不远处的香港汇丰银行大厦（Hong Kong and Shanghai Banking Corporation Headquarters）都是 20 世纪末香港最具代表性的杰出地标。1990 年香港中银大厦的高度创下纪录，居全球最高建筑物排名第五位 [1]。

香港中银大厦以独特的造型为香港天际线增辉

香港中国银行成立于 1917 年，首任经理贝祖诒（Tsuyee Pei，1893—1982）是苏州名门贝氏家族的第十四代传人 [2]，先前他在中国银行广州分行担任总会计师兼营业部主任一职，因为不服从国民革命军的要求，生命遭到威胁而流亡香港，当时其长子刚在广州出生，这位尚在襁褓中的婴儿就是日后蜚声国际的建筑师贝聿铭。20 世纪 80 年代，香港中国银行计划兴建新厦，设计师首选当然是与银行最有渊源的贝聿铭。

旧香港中国银行大楼原址是旧香港大会堂的一部分，1947 年土地被拍卖，底价是 277.8 万港元，最后由时任香港中国银行总经理的郑铁如以 374.5 万港元竞得，刷新了当时官地拍卖价的最高纪录。旧中国银行大楼于 1953 年落成，由巴马丹拿建筑事务所（Palmer & Turner）设计，仿照了上海中国银行总行的外形，而上海中国银行总行是外滩建筑群中唯一由中国建筑师设计的建筑，由留学英国的陆谦受（Luke Him Sau，1904—1992）设计 [3]。旧香港中国银行大楼比第三代的香港汇丰银行高出 6.5 米，取代它成了全香港最高的建筑物。此外，位于新加坡的中国银行大楼 [4]，其建筑造型与旧香港中国银行大楼造型相同，显然中国银行的建筑有其一贯的意图，希望通过建筑传达国族情怀。

新香港中银大厦自 1982 年底开始规划设计，1987 年 3 月 3 日开工，至 1990 年 3 月 19 日银行乔迁并开始营业，历时 7 年有余。大厦基地面积约 8400 平方米，是一个四周被高架桥围困的狭隘基地。要满足建筑面积需求，还要在高楼林立的香港中环区崭露头角，唯有向高空发展，才能强化建筑的存在感，超过新汇丰银行大厦的高度又是一个必要条件，315 米的高楼，额外增添了两支顶杆，使得香港中银大厦高达 367.4 米，远超汇丰银行大厦 178.8 米的高度。

新大楼要面对基地局促、预算不宽裕与当地风力强劲等问题，加上业主有意与香港汇丰银行大厦争锋等挑战，因此贝聿铭对新香港中国银行大厦提交了异于普通高楼的设计方案。基地西侧与北侧有高架桥横跨，

香港汇丰银行

旧香港中国银行大楼

位于上海外滩的中银大厦

新加坡中国银行大厦

基地总面积狭小，因此势必得向超高处发展，贝聿铭以边长为 52 米的立方体为单元层层堆叠，但是不同于一般大楼由等高的方正盒子组成的设计，新大楼高度随着楼层有所变化。方正的平面以对角线划分成四个三角形象限，每个象限高度不同。高度是遵循"斐波那契数列"（Leonardo Fibonacci Sequence）而发展的 [5]，以面向维多利亚海湾的北侧的第一象限为起始，单元高度按"1、2、3、5"的比例升高，第四象限最高，也就是北侧的第一象限一个单元、西侧是两个单元、东侧三个单元、南侧五个单元，循序高升。每个单元高 52 米，每层楼高 4 米，每个单元有 13 层，从不同方位观看，分别是北面 13 层、西面 26 层、东面 39 层与南面 65 层，外墙为玻璃帷幕。贝聿铭以竹子形容高楼，节节高升的造型，对国人而言是讨喜的好兆头。底座以石材为外墙，高 5 层，整幢大楼总共 70 层。每个三角形象限的屋顶以斜面收头，有别于现代建筑的平屋顶，为这幢大楼增添了趣味性与美感。每一层面积为 2704 平方米（52 米 ×52 米），在这样大的空间内，室内设计建筑师吴佐之（George C.T. Woo & Partners）通过室内的色彩对比划分了不同方位：建筑物以南是维多利亚海湾，因此南边以蓝色为主；北区是绿色，因为太平山（Victoria Peak）居北巍耸；东方太阳升起，于是采用红色；西面则选用象征尊贵的紫色，不同的方位由不同的色彩代表，既能协助人们了解身处何方，也令室内空间色彩丰富而又条理分明。香港中银大厦室内设计项目，获得 1991 年美国建筑师协会达拉斯分会（Dallas Chapter，AIA）年度建筑佳作奖，评审委员们称赞设计细部杰出，为应对复杂的平面提出了成熟且严谨的对策，达成丰富细致的公司意象。

摩天大楼几何平面的概念，可以追溯到 1973 年的马德里大厦一案（Real Madrid）。马德里大厦亦是以方正的平面切割，是两个平行四边形组合的变形。1976 年波士顿汉考克大厦的平面是一个简化而成的平行四边形，1986 年达拉斯喷泉广场中心大厦以汉考克大厦的平面为

遵循"斐波那契数列"发展出
不同高度的香港中银大厦

面向太平山的南立面，右侧远方为
香港汇丰银行

以斜面收头，形成异于传统平屋顶
的大楼

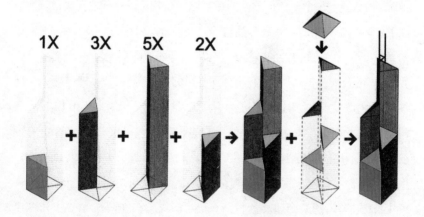

香港中银大厦象限高度图（取材自 Wikimedia Commons，©Cmylee）

原型，在造型上加以变化，塑造了尖顶与斜面，但是又不同于与中银大厦的尖顶与斜面。比较这四幢建筑物，平面上渐趋简约，造型上却突破了立面皆相同的玻璃盒子形状，演化为随视角转变而效果不同的境界。汉考克大厦与喷泉广场中心大厦以其优异的设计，分别获得 1977 年与 1989 年美国建筑学会年度建筑荣誉奖。马德里大厦实际从未兴建是一个"纸上建筑"。中银大厦获得 1989 年伊利诺伊州结构工程师协会最佳结构奖（Structural Engineers Association of Illinois—Best Structure Award）、美国工程会卓越奖、1991 年的雷诺兹纪念奖（R. S. Reynolds Memorial Award）。香港中银大厦由贝聿铭亲自负责，其余三座建筑的设计则出自其搭档亨利·考伯之手。

各个三角形象限的斜面屋顶除了营造美感效果，更重要的意义是结构功能。象限中心的柱子集中承载负荷，然后从中心柱向四方传递至外缘的

波士顿汉考克大厦

达拉斯喷泉广场中心大厦

香港中银大厦

立柱，斜面正是力的合理传导方向。顶层至第二十五层都有中心柱，这以下只有四隅的粗大立柱与外缘的结构柱，整层平面空间没有柱体，优点是平面少了柱子的干扰，能更自由地运用、安排空间。造型、空间与结构三者融合，既理性又感性，富有创意地完成了全然不同于一般摩天大楼的超高建筑，难怪建筑评论家彼得·布雷克（Peter Blake，1920—2006）大赞其是继密斯·凡德罗的纽约西格拉姆大楼（Seagram Building，1954—1958）之后，三十余年来最佳的现代摩天楼[6]。

七十层的建筑物要能抵挡海湾的强风，通常以钢构建造，但是受经费所限，于是结构工程师莱斯利·罗伯森[7]向贝聿铭建议，采用合成的超强结构体，即以钢料组构成盒状，外层灌注混凝土，以之作为抗风与承重的主干。若以传统的钢料做结构体，在工地焊接构件费时耗钱，若用合成法，则施工既迅速，又可以节省约一半的钢料，为业主节省不少开销。合成的结构系统是1970年由当时美国最大的建筑师事务所SOM率先采用的，贝聿铭在得克萨斯商业银行大厦也曾采用过相同的结构系统。在香港中银大厦之前，罗伯森已与贝聿铭合作了达拉斯莫顿·梅尔森交响乐中心（Morton H. Meyerson Symphony Center，1981—1989），在贝聿铭晚期所有重要的项目案中，皆由罗伯森的公司负责结构工作。美国国家建筑博物馆（National Building Museum）于2002年设立亨利·特纳奖（Henry C. Turner Prize），表彰在营造工法创新有卓越成就者，首位获奖者就是罗伯森，次年颁予贝聿铭。弗兰克·盖里（Frank Gehry，1929—）于2007年获奖，而盖里与贝聿铭也是仅有的两位以建筑师身份获得此奖的人。

为加固结构体，每个单元有斜撑，这使得立面出现巨大的"X"，对华人而言，"X"就是叉号，是不吉利的符号，为解决这个负面的意象，遂将原本忠实呈现方盒子的水平结构隐匿。这个改变令立面呈现出形似钻石状的组合，对于笃信"风水"的香港居民而言是个好兆头。但是半

纽约西格拉姆大厦　　　　　　　贝聿铭设计的得克萨斯商业银行大厦

面分割所造成的尖锐三角，仍被香港人视为冲煞，于是出现了各种破煞的传闻，如香港总督官邸刻意栽种柳树以柔克刚等。想不到贝聿铭一贯被推崇的几何风格，在香港竟然引发了始料未及的反应。

香港中银大厦的基地原有一栋 1846 年兴建的美利楼（Murray House）[8]，是英国统治时期高级军官的宿舍。第二次世界大战日本占领时期，一度被用作日军宪兵总部兼刑场，因此香港人视其为不祥之地，这又是一个涉及"风水"的议题。相较于英国建筑师诺曼·福斯特在设计香港汇丰银行大厦时对"风水"学的遵循，贝聿铭的香港中银大厦比较缺乏积极的作为。但是室内设计师刻意趋吉避凶，将配色方案融合八卦卦文，专门定制地毯，铺在所有办公区域内。香港中银大厦封顶的日期选在 1988 年 8 月 8 日，是另一个顺应"风水"学的刻意安排。

就功能性而言，香港中银大厦整座分为三部分，底层是对外开放的营业场所，六至十九楼是供银行使用的办公楼层，十七楼是高级职员餐厅，十九楼是员工餐厅，十八楼是放置机械设备的服务层，六十八楼是

原本呈现"X"的立面设计　修改后呈现钻石般组合的　大楼尖锐三角被香港人视为"冲煞"，引发
　　　　　　　　　　　　立面　　　　　　　　　　对"风水"问题的讨论

招待所，七十楼专供宴客之用，两者之间的六十九层是服务层，包含厨房等设施。六十八楼与七十楼这两层只能搭乘经管制的专用电梯才能入内。其余楼层被租用为办公室。三楼为营业厅、十七楼高级职员专用餐厅兼宴客厅与顶端七十楼的七重厅是大楼的精华所在。两层楼高的营业厅气势恢宏，以石材为主要建材更增添了气派感。位于营业厅中央直达十七楼高的内庭，其接待台上方的天花处形成一个金字塔，不禁令人联想到巴黎卢浮宫改造项目中的设计。同样是金字塔造型，两者有着不同的空间意义，卢浮宫项目是一个由透明玻璃罩所覆盖的实体空间，香港中银大厦是在一个实体空间中塑造出虚体的空间。这种内庭的结构方式，日后在北京中国银行总部大楼（Bank of China Head Office, Beijing, 1994—2001）与多哈伊斯兰艺术博物馆（Museum of Islamic Art, Doha, 2000—2008）中皆可见到。贝聿铭极为知名的华盛顿国家美术馆东馆，在东西两馆间的广场上，有数个小玻璃金字塔错落地分布在喷

泉附近，这些小玻璃金字塔以其雕塑性丰富了景观空间，同时也为两馆之间的地下通道提供采光。若追根究底，早在计划兴建位于马萨诸塞州剑桥市的肯尼迪图书馆时贝聿铭就设计过金字塔的造型，该项目因为基地问题未获解决而中途夭折。这四个案子中的金字塔尺度大小各异，唯一共同点是都具有采光的功能。香港中银大厦营业厅的高度使空间更为气派，不过阴天阳光不足时，由于人工照明的灯具过高，会令柜台服务窗口处的光线不足，且柜台服务窗口处的玻璃是斜面，客户与银行工作人员交谈时，工作人员的声音会被挡住，为沟通增添了困扰，是营业厅设计中存在的一些小瑕疵。

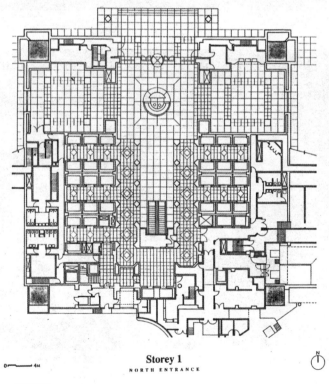

Storey 1
NORTH ENTRANCE

0 ——— 4M

一楼平面图

一楼北侧入口大厅

自三楼营业大厅仰视内庭

香港中银大厦三楼营业大厅

办公楼层的门厅（吴佐之建筑师提供，©Paul Warchol）

十六楼南侧会议室（吴佐之建筑师提供，©Paul Warchol）

十七楼是第一个有斜面金字塔般屋顶的楼层，斜面达七层楼高，在此层北侧的休闲厅内，透过玻璃窗可以仰视到大厦的上部楼层，自中庭可以俯瞰到营业大厅，空间的流畅性在此发挥得淋漓尽致。休闲厅的左右两侧各栽植了一株大树，西侧的树在移植时不幸枯萎，当时工程已达收尾期，不可能再从大厦外面吊挂一株新的大树到十七楼，不得已只得以丝制的假树代替，这在贝聿铭所有作品中是颇为例外的情况，但是若不仔细观察，这株假树几可乱真。

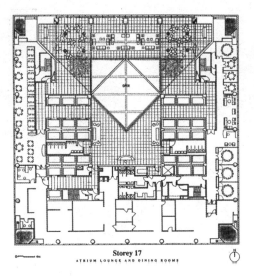

十七楼平面图

十七楼北侧接待厅（吴佐之建筑师提供，十七楼西侧高级职员餐厅一隅
©Paul Warchol）

十七楼北侧办公室走道

融合八卦图案与配色方案的办公空间的方块地毯

十七楼南侧休闲交谊厅

六十八楼招待所宴客厅

　　七十楼的七重厅是举办盛大宴会的场所，大厅中有一张可容纳二十四人的大桌，东西两侧有数组沙发，南侧是备餐间和储藏室及男、女盥洗室，整层就是一个典型的通用空间，加上高斜的玻璃屋顶，尺度雄伟，是眺望维多利亚港湾与九龙区风景的至佳位置。通常建筑物的顶层是机械房，贝聿铭却将香港中银大厦机械房安排在第六十九层，而在其上层创造了一个充满阳光的玻璃社交厅，引入阳光、引进风景，将人们对空间的感受提升到至高的层次，令人衷心地佩服建筑师的气魄。这是贝聿铭一贯的设计手法——空间结合阳光，让光线做设计。曾有人建议效仿许多都市高层开放之举，让大众登顶到七十楼参观，银行方面有诸多考虑没有采纳，但是第四十三层的转换电梯空中厅（sky lounge），是另一个可以登高观赏香江风光的场所。

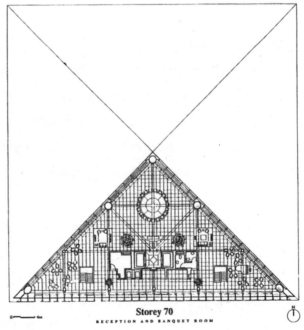

Storey 70
RECEPTION AND BANQUET ROOM

七十楼平面图

七十楼七重厅（吴佐之建筑师提供，©Paul Warchol）

七十楼七重厅一隅的遮阳，是贝聿铭作品的典型手法之一

　　玻璃帷幕墙需要定期清洗，香港中银大厦的造型独特，清洁维护需要特殊的设计配合。因为建筑物没有平台，清洁工作台分别设置在第十八、三十一、四十四与六十九层的机械房内。操作时，工作人员得由特别设计的窗门出入。斜面的部分，运用了与喷泉广场中心大厦相同的方法，在斜面周边设有轨道以架设工作台。受大斜撑结构体的影响，挂勾槽与垂直的窗棂不连续，导致工作台的挂勾需要特别加长以提升安全性。一幢建筑施工完成并不意味着工程的结束，日久天长的维护工作也随使用者的迁入而逐渐展开，建筑师有责任借由良好的设计满足业主的需求，而香港中银大厦是一个很好的典范。

　　香港中银大厦有个五层楼高的石质墩座，其上方则是玻璃帷幕墙楼层，这是贝聿铭众多作品中的特例。通常贝聿铭设计的高楼，由底层至顶层通体只有一种建材。香港中银大厦的墩座是基于基地的斜坡而设计的，希望借着厚重的石材，增强建筑物的稳定感。墩座部分的窗框呈"∏"形，窗底加一横石，而非四边连续呈口字形，相同的窗框曾出现在加州比弗利山庄的创新艺人经纪公司（Creative Artist Agency，1986—1989）；石柱顶端的四方菱形白色石饰，则可在改建过的卢浮宫与北京香山饭店中见到；十七楼与七十楼的遮阳金属管设计，同样也于达拉斯莫顿·梅尔森交响乐中心中运用过，是诸多贝聿铭所设计的美术馆采用的典型手法。大厦南大门两侧的灯座，使人联想到台中东海大学校区内的类似设计，此外，贝聿铭原来在北广场设计了一座牌坊，不知是否因为空间不够宽敞，牌坊被省去了。这些似曾相识的建筑语汇与元素，乃是经过淬炼的设计结晶，经得起考验，历久弥新，这就是贝聿铭作品经典隽永的原因。

　　大厦东西两侧各有一座庭园，园中有流水、瀑布、奇石与树木，流水顺着地势潺潺而下。庭园在此处具有双重意义，功能方面，水声可以消弥周围高架桥的交通噪声；另一方面，水流生生不息，隐喻财源广进，象征为银行带来好运。贝聿铭并不笃信"风水"，不过他最终还是借着庭园设计顺应了香港人的风俗。西南角处耸立着朱铭的《太极》雕塑，过招的两个巨大青铜人像在灰色的花岗岩衬托下，甚是抢眼。雕塑恰好

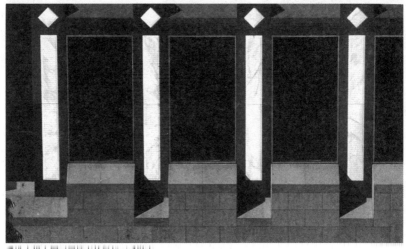

香港中银大厦五层楼高的局部石质墩座

坐落在运载游人到山顶观光的缆车的必经之处，就整个用地规划而言，颇有点睛之妙。贝聿铭的用地规划并非用香港惯常方式将建筑覆满整个基地，而是用心地在东西两侧规划了庭园，为人挤楼拥的香港创造了一个精致的室外空间，诚乃可贵之举。

俯视香港中银大厦东侧庭园　　　香港中银大厦东侧庭园

香港中银大厦西侧庭园

　　艺术与建筑结合是贝聿铭作品的特色之一。香港中国银行在进行新厦工程时，于1988年委托室内设计建筑师吴佐之负责室内艺术策划，为新建大楼室内艺术品的规划提供建议，业主遵照报告，特别聘请了多位艺术家展开创作，为内部空间增色不少。室内艺术品的规划涉及许多工程的配合，需要事前详细研究，避免因临时起意而产生难以完美达到要求的遗憾。以灯光设计为例，灯光位置、照明强度，乃至光源色调的冷暖都得考虑在内。艺术品的大小与空间尺度的关系更是重要因素之一。室内艺术报告厚达三百余页，前言指示公共空间如接待厅、会客室与会议室等应是艺术品陈设的主要场所，接受委托的艺术家必须对安置其作品的空间有充分了解。报告针对每个未来展示艺术品的潜在空间，仔细地将壁面宽度、天花高度、室内建材与色彩、家具摆设等既有的条件一一列出，作为艺术创作者的参考。至于创作的题材或内容，则任由艺术家自行决定，无意拘束艺术家发挥创意。

　　每一层的接待厅是人们迈出电梯后所体验的第一个大空间，迎面映入眼帘的是东侧与南侧两个壁面。南壁面宽达十三米有余，壁面是模矩化的白色大理石。在如此长的立面，按模矩可以变化出多种不同的组合，室内设计师推荐了足以代表中国风格的现代水墨大师的作品，如吴冠中、

香港中银大厦室内艺术规划构想——员工餐厅处费明杰的雕塑与办公楼层门厅的书法（吴佐之建筑师提供）

刘海粟与李可染等，希望以他们气势磅礴的作品给人们留下最佳的第一印象。同时也提出了另一个替代方案，将古代杰出的金石碑文拓印在石壁上，为这个现代化的办公室增添人文与历史的气息。接待厅东侧有一组沙发，沙发之后的东墙，吊挂着我国各民族的织品，艳丽的织品、不同的质感，可以丰富中性色调的接待厅。各族相异的织品，亦能赋予各层不同的空间特色。一般办公大楼楼层单一，若能使人凭借有所差别的艺术品区分辨识，减少走错楼层的错误，也是室内设计师推荐工艺织品的原因之一。

在较小的空间，如办公室、小会议室与会客室等，艺术品以中国艺术家的创作为主，不限于传统国画，或写实，或写意，或抽象的作品无不包含在内。报告中特别列出了一些优秀青年画家的名称以供参考，强调老、中、青的结合，使作品在时间顺序上更能反映时代性。高级职员餐厅以樱桃木为壁材，壁面上特别预留了空位，以便挂画，令画作与墙面处在同一平面，在视觉上使画作成为壁面的一部分。员工餐厅的入口大厅内，增设了一个大理石平台，建议设置旅美艺术家费明杰(Ming Fay，1943—)的水果雕塑。费明杰生长在香港，留学美国，获加州大学圣塔芭芭拉分校（University of California, Santa Barbara）艺术硕士学位，曾在香港中文大学任教，现侨居纽约。他的作品以放大的水果为创作对象，有的甚至会放大到一百倍，将水果的自然之美展现得纤毫毕露，纽约时报艺评家迈克尔·布烈松（Michael Breson）称赞费明杰的雕塑既中国又美国。费明杰的雕塑，有强烈的象征意义，是最适合餐厅楼层的艺术品。

有关中银大厦室内艺术品的建议，可惜因为经费所限，未被业主采纳。香港中国银行委派了新中管业有限公司总经理陈文靖出任召集人，成立了一个特别委员会专门执掌新厦艺术品的工作。首期，以南京、上海与北京等地的画家与书法家为对象，遴选了十五位大师，将他们的作品安排在十三与十四楼的高级职员办公室内，作品包含宋文治的《轻舟已过万重山》与张仃的《昆仑颂》两幅巨作，王遽常是其中唯一的书法

家。也有些元老级的名家作品，如程十发、朱纪瞻、黄胄与萧淑芳等，他们的画风皆较为传统。此外，银行乔迁获得一些艺术品作为贺礼，其中以位于六十八层宴客厅的福州木漆画较为特殊。画作很重，不能悬挂，所以设计了一个与室内墙面融合的基座，让木漆画倚坐其上，完成后的整体感极佳。

位于室外的朱铭雕塑是一件令人出乎意料的艺术品，当初贝聿铭与业主都没有规划任何户外艺术品。朱铭的《太极》是香港知名收藏家徐展堂（Tsui Tsin-Tong, 1940—2010）致赠银行的贺礼。香港人对朱铭并不陌生，中环交易广场上已有一件朱铭的作品。两个过招的大塑像，安放在中银大厦西南隅的水池内，自皇后大道仰望，这件作品颇为醒目，具有地标的功能。比起中环交易广场的《太极》塑像，它更为细致且富于肌理，青绿的金属色彩使之更浑厚敦实。不过原模泡沫塑料的痕迹毕现，相较于朱铭早期木雕强而有力的劈功表现，这件作品在气势上显得略为薄弱。越来越多的企业，借着艺术品展开公共宣传，提升形象，这其中固然有强烈的商业因素发挥作用，但伴随而来的文化影响亦不容忽

中银大厦室内艺术品之一

视。约翰·奈斯比特（John Naisbitt）与帕特里夏·艾柏登（Patricia Aburdene）合著的《2000年大趋势》（*Me—Gatrends* 2000），提出"附庸风雅"的历史性改变将促成第二次文艺复兴运动。香港中银大厦的案例，恰好展示了财富与艺术结合，对启迪心灵与提升人文环境的重要意义。

　　1990年4月30日香港明珠电视台播出《建筑梦想》节目，73岁高龄的贝聿铭笑眯眯地接受记者黄玉洁的访问，坐在香港中银大厦顶层的七重厅里，回忆在香港的童年经历，畅谈中银大厦的设计，介绍一些近作，同时穿插了贝聿铭于3月22日被香港大学授予荣誉博士学位的片段。在颁发仪式之后，贝聿铭发表了一个简短的演讲，提到自然与建筑的关系，贝聿铭认为如果只讲求自然，环境会流于杂乱无序，如果只关照人为的建筑物而忽略了自然，环境将不宜居住，建筑师的职责是在两者之间取得平衡。此言正是香港中银大厦设计的注解，也阐释了贝聿铭终身所信

香港中银大厦西南角处朱铭的《太极》雕塑

仰的现代建筑哲学理念。节目结束时，贝聿铭提到其人生观是"活到老，做到老，要努力，要乐观"。对于香港当地人从"风水"角度提出的批评，贝聿铭不置一词也不做辩驳，他深信时间会为这幢亚洲最高的大楼做出最终的评判。

1991 年 6 月号《a+u》（建筑与都市杂志）的香港中银大厦专刊

1997 年香港回归祖国之前，作为香港地区印发港元的三大银行之一，香港中国银行大手笔地投资十五亿港币兴建分行大楼，其宣示主权与安抚人心的意义不言自明，贝聿铭的设计也呼应了这一宗旨。在贝聿铭一生所设计的高楼中，香港中银大厦是最高的，象征了贝聿铭的建筑生涯达到巅峰。就在香港中银大厦落成之后，贝聿铭宣布退休，开启人生的另一篇章。

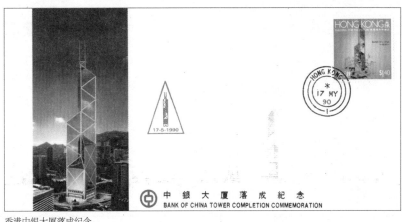

香港中银大厦落成纪念

自太平山顶俯视，香港中银大厦耸立于中环地区

注解

[1] 1990 年全球最高的建筑物是芝加哥西尔斯大厦（Sears Tower），建于 1974 年，高 442 米；纽约世贸中心双子塔分居二、三名；第四名是纽约帝国大厦，建于 1931 年，高 381 米。根据世界摩天大楼中心（The Skyscraper Center）排行榜所示，截至 2017 年，香港中银大厦在世界摩天楼排行榜中居第三十三名，在香港的排行榜中居第四名，前有环球贸易中心、国际金融中心二期与中环广场。

[2] 贝祖诒，初中就读于上海澄衷中学、东吴大学中学部，1911 年入读唐山路矿学堂。1913 年于汉冶萍煤铁公司上海办事处工作，1914 年任中国银行上海分行会计一职，1915 年调任至广州分行担任会计部主任，1917 年成立中国银行香港分行，当时仅有八位员工。1924 年国民政府为强化财政状况，成立了中央银行，将中国银行改为特许国际汇兑银行。1928 年贝祖诒被调回上海，担任总行业务部经理，并担任上海公共租界工部局第一任华人董事之一。1932 年升任副行长。1946 年 3 月至 1947 年 4 月担任中国银行总裁，后因卷入黄金风潮而遭撤职。

[3] 陆谦受，于 1927 年至 1930 年就读于伦敦的建筑联盟学院（Architectural Association School of Architecture，简称 AA），归国后任上海中国银行建筑科科长，与吴景奇合作完成了上海中银大厦，风格属于早期现代建筑，但是屋顶刻意建覆有绿色琉璃瓦的方尖攒顶，檐下有斗拱装饰，并将开窗设计成镂空的寿字图案，以彰显中国特色。香港的旧中国银行大楼于 1953 年建成，相关文献记载它是由巴马丹拿建筑事务所设计，根据王浩妩的调查，陆谦受也曾参与设计，见《近代哲匠录：中国近代重要建筑师、建筑事务所名录》第 102 页，北京中国水利水电出版社、知识产权出版社，2006 年 8 月。1945 年陆谦受与王大闳、黄作燊、陈占祥与郑观宣等组成了五联建筑师事务所。1948 年 10 月注册为香港建筑师，1949 年自上海移居香港。他在 20 世纪 60 年代有不少作品，于 1956 年参与创立了香港建筑师学会，第一届会长是徐敬直。1967 年香港暴动，遂于次年移民美国，1974 年回归香港。作品多遭拆除改建，至今幸存的作品不多，生前遗存的建筑图由次子陆承泽捐赠给香港大学图书馆。2014 年 2 月在伦敦大学学院巴特莱特建筑学院（The Bartlett School of Architecture, University College London）任教的爱德华·丹尼森（Edward Denison）与妻子邝羽仁（Guang Yu Ren）合著《陆谦受——被遗忘的中国现代建筑师》（*Luke Him Sau: Architect — China's Missing Modern*）由威利出版社（Wiley）出版。

[4] 新加坡中国银行大厦于 1954 年落成，也由巴马丹拿建筑事务所设计，楼高十八层，1974 年之前是新加坡商业区内最高的建筑物。

[5] "斐波那契数列"是以前面两个数相加，递增地构成：1、2、3、5、8、13……。1+1=2，2+3=5，3+5=8，5+8=13……。好莱坞电影《达芬奇密码》（*The Da Vinci Code*）错误地将之归为达芬奇的"发明"，事实上，早在 1202 年比萨数学家斐波那契在其出版的《算盘全书》（*Liber Abaci*）中就提出了这个数列。

[6] Peter Blake, Scaling New Heights, *Architectural Record*, Jan.1991.

[7] 罗伯森的结构工程师顾问公司（LERA Consulting Structural Engineers，简称 LERA）自 1981 年与贝聿铭合作完成了达拉斯莫顿·梅尔森交响乐中心后，在摇滚名人堂与博物馆、美秀博物馆、苏州博物馆、德国历史博物馆与多哈伊斯兰艺术博物馆等项目中也与其多次合作。罗伯森曾荣任 1989 年《工程新闻记录》（*Engineering News-Record*，简称 ENR）杂志年度风云人物。他的公司在纽约、上海、香港与孟买都设有分公司。

[8] 美利楼是曾任驻港英军三军总司令和香港第一任副总督的德己立爵士（Sir George Charles D'Aguilar, 1784—1855）为纪念他的好友美利爵士（Sir George Murray, 1772—1846）而命名的。这座建筑在 1982 年被香港政府拆除，将空地拍卖。1990 年香港房屋委员会将它在赤柱大坑庙刚进行重建，1998 年重建完成，2017 年作为商场与餐厅使用。

第五讲

几何雕塑
莫顿·梅尔森交响乐中心

达拉斯交响乐团终于圆了拥有新家的梦，1989 年 9 月 8 日，成立于 1900 年 5 月 20 日的达拉斯交响乐团，由费尔公园（Fair Park）乔迁至市中心艺术区 [1] 的莫顿·梅尔森交响乐中心（The Morton H. Meyerson Symphony Center）。

交响乐中心的兴建由构想到峻工，历时 11 年有余。1978 年达拉斯市政府计划发行公债建设一个艺术区，以美术馆与交响乐中心为区内的

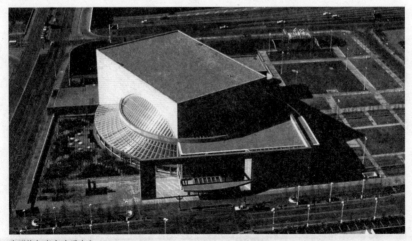

鸟瞰梅尔森交响乐中心

主要建筑物，然而受加州反赋税法案影响，市民们否决了耗资 4500 万美元的建设方案。为争取经费以实现项目的建设，交响乐协会于 1979 年坚持不懈地向市民解说了此项计划，并且巧妙地将兴建交响乐中心一案与其他文化建设案分开，使建设金额不致过于庞大，以使市民易于接受。结果得到了市民的支持，获得 225 万美元的公债用作购地基金。此外，1982 年拜美国经济稳健的形势所赐，交响乐协会又轻松获得了 2860 万美元的建设经费。双方协商后市政府同意支付 75% 的地价与 60% 的工程造价，其余钱款由交响乐协会自行筹措，总工程费当时估测约为 4900 万美元。

选址的过程历经波折，筹建委员会原本属意毗邻美术馆的一处地点，但因为地价太贵而不得不向东寻觅，幸而在地产投资商捐赠部分土地，并与市政府交换了部分土地后，交响乐中心最终选址于距离美术馆以东两个街区的一处位置，将一片区域完整的土地纳入为兴建基地之用。

1980 年秋季，筹建委员们自付开销，参观走访了北美与欧洲等地 21 个音乐厅，作为拟订建筑计划的基本方针。委员们一致认为建于 1570 年的维也纳金色大厅 [2] 与 1556 年的阿姆斯特丹音乐厅（The Concertgebouw）这两座建筑 [3] 是他们心目中的典范。于是交响乐中心的蓝图有了两个先决条件：第一，规模不要大，音响效果必须世界一流；第二，音乐演奏厅必须是传统的欧洲式鞋盒形状。

1980 年 8 月筹建委员会向世界各地 45 位知名建筑师发出邀请函，结果有 27 位建筑师复函，表示有意于此工程。筹建委员会从中初选了六位候选人，其中包括阿拉多·寇苏达、菲利浦·约翰逊、莱昂德罗·勒克生（Leandro Locsin）[4]、古纳·柏克兹（Gunnar Birkerts）、阿瑟·埃里克森（Arthur Erickson）与奥格尔斯比事务所（Oglesby Group）。奥格尔斯比是当地一家中型规模的事务所；阿拉多·寇苏达曾是任职于贝聿铭及合伙人建筑师事务所的一名大将；菲利浦·约翰逊设计的位于达拉斯的感恩广场（Thanksgiving Square）是人们称颂的佳作；古纳·柏克兹位于明尼阿波利斯的联邦储备银行（Federal Reserve Bank of Minneapolis）与阿瑟·埃里克森设计的多伦多罗伊·汤普逊音乐厅（Roy Thomson Hall）都甚为杰出，他们都是享誉国际的建筑明星。

1980年11月14日与15日，筹建委员与六位通过初选的建筑师们面谈，竟然没有一位建筑师获得多数委员的支持，情势十分尴尬，如果委员会不能做出决定，遴选建筑师的过程势必需要重头再来一次，费时费力。所幸建筑师选拔小组的召集人斯坦利·马库斯（Stanley Marcus，1905—2002）想到了设计达拉斯市政厅 [5] 的贝聿铭。当年因市政厅工程一案曾与之多次接触，认为贝聿铭是最佳人选。其实在发出邀请函时，筹建委员会并不曾遗忘贝聿铭，但贝聿铭自认为他与达拉斯市政府已经有市政厅一案，市政府不太可能让同一位建筑师设计第二幢重大的公共建筑，所以他无意参与此项目。

为了敲定最终人选，马库斯亲自致电贝聿铭，敦促他重新考虑设计此项目一事。12月初贝聿铭由纽约至达拉斯，与筹建委员们会面，接受评估。与其他建筑师不同，贝聿铭既没有推销其个人作品，也不曾提及他在达拉斯已有的成就。反而向委员们侃侃而谈其对音乐的喜好，提及他常到林肯中心与卡耐基音乐厅享受艺术。同时表示，他经历过各种建筑类型的挑战，却从未设计过音乐厅，他自知年事已高，今生恐怕没有机会，但如果有幸达成心愿，所设计出的音乐厅将是一件源于心灵深处，倾力以赴的非凡作品。1980年除夕，贝聿铭获得了一笔大的"压岁钱"：达拉斯各大报纸均以头版头条的形式，公布贝聿铭成了交响乐中心的建筑设计师一事。当年笔者正在达拉斯旅行，后又在当地工作，每天上下班途中目睹了整个工程的进展，交响乐中心落成后，又多次入内体验了贝聿铭美妙的空间设计，如今回想起来，自己似乎和这座建筑特别有缘。

施工中的梅尔森交响乐中心（摄于 1988 年 3 月 20 日）　施工中的梅尔森交响乐中心（摄于 1988 年 8 月 21 日）

开幕前的梅尔森交响乐中心（摄于 1989 年 8 月 26 日）

　　良好的音响效果是音乐厅最重要的要求，汲取纽约林肯音乐中心的失败教训，筹建委员会认为与其采用惯常方式——由建筑师聘请音响专家为顾问，在建筑师领导下工作，不如另聘音响专家主持工作，直接对筹建委员会负责。南卫理公会大学（Southern Methodist University）艺术学院院长尤金·博内利（Eugene Bonelli）主持的选拔小组于 1951 年 2 月宣布，聘请拉塞尔·约翰逊（Russell Johnson，1923—2007）为音响设计师，所以约翰逊在交响乐中心项目中的地位与建筑师贝聿铭等同。

约翰逊1951年于耶鲁大学建筑系毕业,早年在BBN音效顾问公司工作,参与过不少重大工程的设计,如费城音乐厅、多伦多歌剧院与英国北安普敦皇家音乐厅(Derngate Center in Northampton,England)等百余项工程。1970年自行成立阿泰克顾问公司(Artec Consultants),专攻音效设计。

双巨头合作设计的组织方式,如果筹建委员会能全心全意地履行领导职责,仲裁任何纠纷,尚不致产生问题。然而事实上,筹建委员们忙于各自的事业,分身乏术,给日后工程的协调造成了很大困扰。贝聿铭认为既定的鞋盒形演奏厅过于狭长,会使空间产生压迫感,因此他不拘泥于景框式的舞台设计,在舞台两侧添加了一对柱子,约翰逊却大为反对,担心多出的柱子会影响音效。贝聿铭希望在演奏厅铺盖地毯以增加舒适感,约翰逊认为地毯吸音过强,不赞同这项提议,贝聿铭只好作罢。在演奏厅顶层,有72扇调整音效的门扉,约翰逊坚持保留原本的混凝土光滑的面材,任其露现,而贝聿铭从室内整体设计的理念出发,认为应该设计带有装饰的屏幕,这回约翰逊落败。舞台上端有个大音篷,贝聿铭觉得设计太过单调,像个伸出嘴的大舌头,约翰逊却表示这是不可或缺的调音设备,必须保留,而今日的大音篷是贝聿铭加工美化过的成果。为了座椅的选取,两位设计师争执一年之久。起初贝聿铭中意的座椅,约翰逊以影响音效为由拒绝,尔后约翰逊推荐的座椅,贝聿铭基于美感效果否定,但最终的胜利属于贝聿铭。两位巨头曾因多次争执,都几乎提出辞呈,贝聿铭更是批评约翰逊是个"有耳无目"的设计师。

1982年5月贝聿铭公布了交响乐中心的设计方案。秉持其惯用的几何形雕塑风格,以正方形、长方形与圆形等元素组合成平面,造型则由此三个元素演绎,塑造出变化多端的立面。设计的灵感源于十八世纪德国巴洛克式建筑[6],在此基础上贝聿铭还试图将动态感(Movement)、音乐性(Music)、现代性(Modern)与纪念性(Monument)融于一体。

设计案强调空间的多元视点效果，希望人们通过在空间中的移动，体验不同的空间效果。早在 1978 年贝聿铭设计华盛顿国家美术馆东馆时就实践过这种理念，而在交响乐中心项目中则更进一步，将动态空间的视域由室内延伸至户外。当人们由大厅拾阶而上到二楼的演奏厅时，可从透明的玻璃立面将市区的景观一览而尽，户外绿草如茵的公园，室内精致典雅的设计尽入眼帘。贝聿铭谦逊地表示，这些手法是从巴黎蓬皮杜艺术中心与巴黎歌剧院获得的灵感。堂皇的大厅是圆形空间的主体，东侧有一个次入口，西侧有个餐厅，主入口位于南边，西南角面向市区，呈圆锥体的弧形立面由 211 片玻璃组成，每一片大小各异，玻璃框架上接圆形的环梁，环梁下由一系列的柱子支撑，环梁距地面 4.57 米，整个系统以计算机计算设计。玻璃弧面的垂直框架实际源于同一点，但为了强调动态感，水平的框架彼此不平行，框架漆成白色，目的在于减轻其厚重感，好突显玻璃面的轻盈透明。

　　轻盈透明的圆形与坚实厚重的长方形产生强烈对比。长方形的是演奏厅，长 28.65 米，宽 25.9 米，高 23.77 米，

梅尔森交响乐中心东立面

梅尔森交响乐中心南立面

梅尔森交响乐中心西立面

梅尔森交响乐中心北立面

梅尔森交响乐中心模型东立面（©Dallas Symphony Association, Inc.）

梅尔森交响乐中心模型南立面，南立面是玻璃墙面（©Dallas Symphony Association, Inc.）

梅尔森交响乐中心模型西立面（©Dallas Symphony Association, Inc.）

可容纳 2100 个席位，席位分为 5 区。舞台两侧有 4 排合唱团座位，合唱团不使用时，可改成观众席，成为第 6 区的席位。演奏厅共计 5 层，最上层是调音室，二楼有 19 个包厢，每个包厢内有 8 个座席，包厢内的扇形壁灯是贝聿铭为此空间而特别设计的。演奏厅以非洲与美洲樱桃木为主要建材，色泽深浅各异的木料构成井然有序的内墙，在隐匿的光源照明下，显得高贵雅致。演奏厅后侧的天花板上有一圆环，天蓝的色彩，环绕着层层的光环，使人产生空间无限延伸的感受，这其实是贝聿铭最拿手的光庭设计转化技巧，以象征性的造型传递出音乐厅的意象。

演奏厅，舞台正上方是可以升降的音蓬

为了达成最佳音效，建筑设计方面做了许多配合工作。演奏厅的屋顶采用钢桁架，桁架上下两面各有厚达 5 厘米的隔音混凝土层，交响乐中心位于得州飞行航道附近，为避免飞机的噪声影响，特地设计了

演奏厅座位席

厚实的隔音夹层；所有机械与空调设备被集中安置于西侧公园的地下室内，与建筑主体分隔，为避免机械的震动与噪声造成影响，特别设计了宽达 5.08 厘米的缝隙，充分地隔离地下室与交响乐中心；盥洗室的抽水马桶被特殊设计，不与结构体直接相连，减少了冲水时的噪声；水管的管径比一般管径粗大，以降低水流摩擦导致的噪声；空调的送风速度低于标准值，且出风口特别设计；混凝土的墙面加涂了灰浆，再装上木嵌板，施工时要求壁面内不可有任何气室存在，以确保演奏厅的音响质量。

演奏厅顶层有 72 间调音室，其进深 9.14 米至 18.29 米不等，开启关闭重达两吨半的门扉时，可以整合音效。进深 10.97 米的舞台，其左前方下面有一个 L 形的空间，以增强共鸣效果。舞台上端重达 42 吨的音篷，由 4 大片调音板组成，音板的高低与角度能够调整，以满足不同乐器的演奏效果。交响乐中心开幕前，试机过程中一度出现问题，使得原来的操作系统重新设计，又增加了一笔额外支出。演奏厅与公共空间，出入之间有双道门，两门之间形成隔音室，以防止任何外部声音传入演奏厅。这些都是约翰逊为保证音效所做的特别设计。

公共空间以石材为主要建材，地面由意大利石铺就。开幕前的数周，地面石材都尚未切割，为此贝

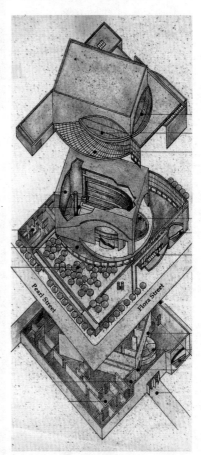

梅尔森交响乐中心剖面图（取材自 *Dallas Life* 杂志，1989 年 9 月）

聿铭亲自赴意大利石矿厂督工，再空运至工地。抚摸混凝土柱与部分墙面时，其施工的细致精巧令人赞叹，混凝土的骨材经特别调配，以使其色彩与石材相匹配。水泥供应商为了确保质量纯正，特别在工地驻派了一位工程师检查每车的水泥，由此可见此工程的精益求精。混凝土在此工程中是主要建材，当初只有两家厂商参与了招标，开价分别为 260 万与 440 万美元，远超预算，为了确保工程进度与质量，负责工程管理的贝特森公司（J. W. Bateson Co.）不得不自行承揽了混凝土工程。贝聿铭的设计以基本的几何形为主，看似很简单，但施工复杂，为了达到高水平的要求，贝特森公司绘制了 500 余张施工大样图以供参考，搭建的施工鹰架有 17 层之多，设计平面的复杂性，使得每层鹰架都有所不同，而且绝大部分施工用的模板不能重复使用，不像兴建办公大楼是重复相同的工法。此外，每个小承包商的工作容许误差是 0.07 厘米，比一般工程严格两倍。施工细节要满足高标准的要求，如全部 918 块木嵌板的木质纹理必须对称；外壁的石材以特殊的方法切割，每片石料都有均匀统一的质地等，再次显示出贝聿铭对工程的用心与细心。

贝聿铭大胆的空间构想，幸而有杰出的结构工程师莱斯利·罗伯森的鼎力协助才得以实现。为了扩展视域，让站在二楼大厅的人能饱览达拉斯市区的天际线，贝聿铭在二楼大厅的上方，设计了三个以玻璃为主的"大眼睛"天窗。天窗的底部是环梁，其结构体是 1.98 米的弧形钢管，要将如此重的建材安放在精准的位置上，操作十分不易，罗伯森还得考虑如何克服环梁的外向张力，使天窗与建筑物结合地浑然一体。罗伯森将环梁视为水平的拱，拱的两端以 25.4 厘米的钢缆为连结，以达到结构的要求。以普通人的眼光观赏此设计，我们可以认为环梁是弓，钢缆系材是弦。天窗的骨架还具有结构作用，所有的骨架穿过墙面锚定在屋顶，以确保其垂直向度的稳定性。由此可见，杰出的建筑需要许多优秀顾问的贡献才能顺利完成，建筑师荣耀的光环是属于所有参与者的。

　　交响乐中心与艺术区的主街——弗洛拉街（Flora Street），呈偏向东南 26 度的关系，贝聿铭在规划基地时，刻意地微做扭转，以营造更佳的视域，使市区成为交响乐中心的景观舞台，这一扭转可以令纵向的演奏厅有较宽裕的腹地空间，降低整个基地因垂直布局所产生的压迫感。基地东侧的艺术家广场，建设成户外表演场，供达拉斯的艺术社团使用，此一广场日后兴建了温斯皮尔歌剧院（Margot and Bill Winspear Opera House）。西侧的贝蒂公园（Betty B . Marcus Park）为交响乐中心提供了一个宁谧的绿地，供人休憩。沿圣保罗街处，一道水墙界定了公园的领域，水声消减了汽车的噪声，也为炎热的达拉斯带来丝丝凉意。这个公园规模很小，但内容充实，有树、水、艺术品与座椅，很受欢迎，这正是贝聿铭作品的特色，他所设计的建筑物总与自然环境和谐共存，塑造人性化的都市空间。

　　在公园一隅，安置了西班牙雕塑家爱德华多·奇利达（Eduardo Chillida，1924—2002）的作品《音乐》（*De musica*）。这是两支 4.57 米高的锈铁柱，柱顶突出 3 个小节，奇利达表示 3 个小节分别象征音乐、建筑与雕塑。这件作品像是一位指挥家凝神地在指挥乐团。贝聿铭早在

二楼大厅上方以玻璃为主的"大眼睛"天窗

贝蒂公园

十余年前曾邂逅过奇利达，对他的作品颇为欣赏，而今两位大师的作品并立在达拉斯是有其因缘的。1989年2月7日，达拉斯霁雪，在酷寒的天气下，贝聿铭与奇利达在工地会面，共同商议雕塑的位置。重达68吨的两柱的间距经两位大师讨论后决定。奇利达希望锈铁柱相互之间所造成的张力感，能够呼应贝聿铭所设计的大玻璃锥面体的动态感，建筑与艺术品的结合一向是贝聿铭所重视的。贝聿铭原先的构想是在户外安放安东尼·卡罗（Anthony Caro，1924—2013）的雕塑，在大厅挂上罗伊·利希滕斯坦（Roy Lichtenstein，1923—1997）的巨幅绘画。但是交响乐中心的预算未曾编列艺术品，所幸有当地热心的企业家们解囊相助，贝聿铭的心愿这才得以实现。除了奇利达的户外雕塑，东侧入口的墙面上，有四幅埃尔斯沃斯·凯利（Ellsworth Kelly，1923—2015）的名为《达拉斯之精神》（*Spirits of Dallas*，又名《蓝绿黑红》）的画作，不过对这四件作品，人们普遍评价不高，认为四块色板的组合过于简单。

　　莫顿·梅尔森交响乐中心能顺利落成，各界的捐款功不可没。交响乐协会渴望建造世界一流的音乐殿堂，因此相关的要求也都很高。原本决定用砖材构造建筑物外墙，但为了与艺术区另一幢公共建筑物——达拉斯美术馆（Dallas Museum of Art）搭配，便改用了相同的印第安纳

位于西侧户外空间的西班牙雕塑家奇利达的雕塑《音乐》

东侧入口的墙面，画家埃尔斯沃斯·凯利创作的《达拉斯之精神》画作

石，单这项改动就为交响乐中心增加了 200 万美元的支出；贝聿铭为室内特别设计的扇形壁灯，在筹建委员会的赞赏声中无异议通过，原方案中楼梯处的两盏大立灯被增加为 11 盏，连户外也装设，单灯具一项就多花了 25 万美元；大厅地面由地毯改为意大利石，大厅内又增设了一面"奉献墙"，凡此种种，整个工程连同地价共耗资 10600 万美元，是当初估价的两倍多。市政府预算是固定的，只能支付 4000 万左右的美金，多出的金额要由交响乐协会自行筹措。为了募集资金，交响乐中心于 1983 年发起了一个名为"隅石"的筹款活动，表示只要捐款达到某项标准，就可在交响乐中心留名。协会几乎将中心内可以命名之处都标了价，如售票处值 25 万美元、电梯 15 万美元、每个座位一万美元、楼梯一百万美元等。1984 年 11 月，全美十大首富之一的电子数据系统公司（Electronic Data System）总裁罗斯·佩罗（Ross Perot，1930—）[7]以他创业合伙人莫顿·H·梅尔森（Morton H. Meyerson，1938—）之名捐献 1000 万美元，这就是交响乐中心名称的由来。

工程于 1985 年 9 月动工，市政府首先兴建了一个可以容纳 1650 辆车的地下停车场，其容量以整个艺术区的需求为基准，由此可见达拉斯市政府对城市建设眼光长远，艺术区是数十年的远期计划，而其停车问题却已借着交响乐中心的兴建早早着手解决了。市政府计划减少艺术区内的交通流量，同时禁止街边停车，所以停车场完全地下化，为此，交响乐中心设有一个很宽敞的地下层入口大厅，使地下道与停车场相连。当听众由地下入口大厅步行至室内大厅时，会见到一堵"奉献墙"，墙上镂刻着赞助交响乐中心的名流的名称。当贝聿铭首次公开设计方案时，交响乐中心公共空间的墙面全是透明玻璃，这贯彻了贝聿铭动态空间的手法，以使人观览更多的达拉斯市景。后应交响乐协会的要求做了更改，将南立面的玻璃墙取消，设置了这堵石墙作为对捐款者的鸣谢。略微凹陷的"奉献墙"令人联想到贝聿

贝聿铭为梅尔森交响乐中心特别设计的灯具

梅尔森交响乐中心灯具之一

以玛瑙石打磨成薄片的灯具

位于梅尔森交响乐中心大门两侧的灯具

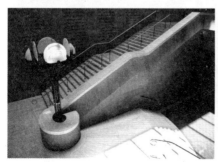

自地下停车场经楼梯至大厅

梅尔森交响乐中心南立面内侧的奉献墙

铭在华盛顿国家美术馆东馆电扶梯处的墙面设计，在这里可谓此手法的又一次成功运用。在草案阶段，其事务所的设计师将其设计为半圆形，贝聿铭审视后改为丰满的大圆，这一改不但使空间的气势更为磅礴，也丰富了空间的流畅性。

贝聿铭于 1968 年设计的保罗·梅隆艺术中心运用了与梅尔森交响乐中心相同的几何元素，只是前者不以动态感为表现目标，造型较平实，在交响乐中心仍可以依稀地感受到梅隆艺术中心的设计理念对其日后作品的影响。设计梅尔森交响乐中心时，贝聿铭自言对空间的掌控仅达六成左右，因为太过复杂，幸而有计算机绘图帮了大忙，使平面的构想转化为三维空间，同时贝聿铭以另两幢建筑物做实验，验证了梅尔森交响乐中心的部分前瞻性设计。从同在 1989 年竣工的康涅狄格州乔特·罗斯玛丽科学中心（Choate Rosemary Hall Science Center，1985—1989）与比弗利山庄创新艺人经纪公司中，可以明显看出与梅尔森交响乐中心相同的建筑语汇。这三件作品，同有圆弧的立面，也同样采用玻璃立面拥抱阳光。阳光是贝聿铭作品向大自然撷取的不可或缺的元素，与贝聿铭亦师亦友的马塞尔·布罗伊尔著有《阳光与阴影》（*Sun & Shadow*）一书，强调阳光在造型上的功能。贝聿铭则更上一层楼，将阳光引入室内，让不断移动的阳光创造变化莫测的室内效果。

沐浴在充满阳光的大空间内，贝聿铭必定栽植树木，以增加空间的亲切感。梅尔森交响乐中心西侧餐厅、华盛顿国家美术馆东馆的光庭、创新艺人经纪公司门厅南侧、香港中银大厦顶楼七重厅内都栽种了大树。绿树、阳光加上大空间是贝聿铭作品的特色。

梅尔森交响乐中心是贝聿铭建筑生涯中最重要的作品之一，为音乐厅设计开启了崭新的一页。若要挑剔交响乐中心，也存在一些小缺点，如大厅南侧暴露的环梁系材，在整个空间中显得十分突兀；演奏厅暖色系的空间与公共空间的冷色调之间的转换缺乏缓冲；面朝高速公路的北

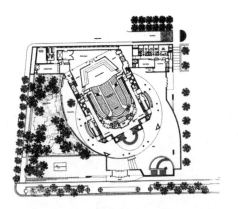

梅尔森交响乐中心配置图与地面层平面图
（©I. M. Pei & Partners）

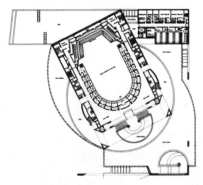

梅尔森交响乐中心二楼平面图
（©I. M. Pei & Partners）

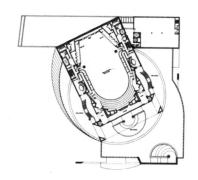

梅尔森交响乐中心三楼平面图
（©I. M. Pei & Partners）

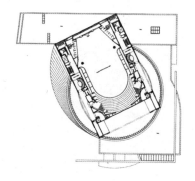

梅尔森交响乐中心四楼平面图
（©I. M. Pei & Partners）

立面，与其他三个立面相比太过呆板平淡等，但这都无损其丰伟的成就。

贝聿铭表示梅尔森交响乐中心不仅是一座纪念性的公共建筑物，也是一个吸引人的场所，吸引人们来欣赏音乐、喜好音乐，使音乐成为生活的一部分。建筑师不仅塑造实质环境，还为人们追寻心性的提升贡献了力量，可见，贝聿铭的作品成功地升华了设计的境界。

梅尔森交响乐中心西侧餐厅

梅尔森交响乐中心大厅一隅

通往二楼演奏厅的宏伟楼梯

二楼西侧前厅，光影共舞的空间

自二楼前厅西望达拉斯市区，远处的高楼是贝聿铭
及合伙人建筑师事务所设计的喷泉广场中心大厦

西侧圆锥状的玻璃立面，让光线做设计

俯视梅尔森交响乐中心

梅尔森交响乐中心是达拉斯的名片

注解

[1] 达拉斯艺术特区是位于市区东北隅，占地27.51公顷的文化区域，区内有多达13项的艺术文化设施，最早是1984年落成的达拉斯美术馆，由纽约著名建筑师爱德华·巴尼斯（Edward L Barnes，1915—2004）设计，贝聿铭设计的梅尔森交响乐中心于1989年进驻；2003年意大利建筑师伦佐·皮亚诺（Renzo Piano，1937—）设计的纳希尔雕塑中心（Nasher Sculpture Center）加入艺术特区；英国福斯特及其合伙人事务所（Foster and Partners）设计的温斯比尔歌剧院、荷兰大都会建筑事务所设计的迪和查尔斯·威利剧院（Dee and Charles Wyly Theatre），同于2009年开幕。这使得艺术特区内有四件普利兹克建筑奖得主的作品，在数个艺廊之内，得以同时体验多位大师的卓越设计，诚乃可贵的建筑体验。

[2] 维也纳金色大厅出自丹麦建筑师特奥费尔·翰森（Theophil Hansen，1813—1891）之手。演奏大厅长48.8米，宽19.1米，高17.75米，是一个长方形空间，通常以鞋盒空间形容。这般空间的座席有1744个，还有可容纳300人站立欣赏的空间。此建筑属于文艺复兴鼎盛时期的风格，这得力于翰森在雅典游学八年的经历。从建筑立面的柱式到室内天花板的装饰，充分显示了他对此风格娴熟的掌控。该音乐厅落成后，与波士顿音乐厅和阿姆斯丹音乐厅一起被列为全球三个音响效果至佳的音乐场所。但是当年翰森全赖直觉设计，可不像现在有科学的分析作为设计准则。

[3] 阿姆斯特丹音乐厅，1888年4月11日开幕，建筑师是阿道夫·莱昂纳德·凡·亨特（Adolf Leonard Van Gendt，1835—1901），座席达1974个，大厅的尺寸长44米、宽28米、高17米，也是鞋盒式空间，建筑形式为新古典主义，立面大量贴砖，充分反映了荷兰造砖建筑的传统。这个音乐厅非官方机构，全由私人运营，经费的30%依赖门票收入，市政府的辅助只有5%。因为当地十分注重对儿童的音乐教育，因此每年约有三万个孩童参与相关活动。

[4] 莱昂德罗·勒克生（Leandro V. Locsin，1928—1994），菲律宾建筑师，原本学习音乐，大学毕业前一年方转系攻读建筑，1955年用薄壳混凝土构筑了菲律宾大学圣祭教堂（Church of the Holy Sacrifice），奠定了他在菲律宾建筑设计界的地位，1969年完成了菲律宾表演艺术剧院，1970年大阪世界博览会的菲律宾馆，乃是他较知名的作品。

[5] 1963年美国总统肯尼迪在达拉斯被暗杀身亡，市长埃里克·约翰逊（Erik Johnson，1901—1995）有意借由大刀阔斧的城市建设洗刷污名，市政厅是其中的一个项目。工程于1972年6月26日动土，1978年落成，大胆的结构系统，令建筑物呈倒三角形，被视为极前卫的现代建筑。

[6] 贝聿铭曾言他在德国南部旅行时，位于斑堡（Bamberg）的"十四位圣助手大教堂"（Basilica of the Fourteen Holy Helpers）给了他极大的启发，这座建于1743—1772年间的巴洛克教堂，其曲线具没有消点的美感。语见 *Conversations with I. M. Pei — Light is the Key*, pp. 67—68.

[7] 罗斯·佩罗，美国企业家，于1992年以独立候选人的身份参加当年总统竞选，1996年以改革党（Reform Party）党魁身份再度参选，曾获得八百余万票，得票率为8.4%，由此可知他的影响力。改革党不满民主、共和两党的作为，要让选民有第三个选择，主张反贪腐、支持贸易保护主义。历届选举皆获得极高支持率，惟至2016年从联邦到地方皆一无斩获。早年他是IBM的业务员，1962年在达拉斯成立电子数据系统公司（Electronic Data Systems），1968年公司股票上市。1988年成立佩罗系统公司（Perot System Corporation Inc.），根据福布斯杂志的富豪排行榜统计，他位于全美首富的第167名。

第六讲

活力殿堂
摇滚名人堂与博物馆

以设计美术馆举世闻名的华裔建筑师贝聿铭,1995 年 9 月 1 日在其建筑生涯又增添了一件杰作——摇滚名人堂与博物馆(Rock and Roll Hall of Fame and Museum,1987—1995)。当 1988 年 9 月 1 日《今日美国报》(*USA Today*)披露位于俄亥俄州克利夫兰市将兴建一幢 18 层,高 60.96 米的摇滚名人堂,建筑设计师是贝聿铭时,人们莫不诧异这位儒雅温文的建筑师怎会与狂放不羁的摇滚乐扯上关系。喜好古典音乐的贝聿铭表示平时听贝多芬的音乐,工作时则听肖邦的钢琴曲[1],家中儿子们大音量的"噪声"是他对摇滚乐仅有的认识。

克利夫兰成为摇滚乐的圣地具有许多因素,早在 1951 年当地电台播音员艾伦·弗里德(Alan Freed,1921—1965)在节目中总是播放奔放的音乐,并以"摇滚乐"名之,次年他办了一场盛大的音乐会,该场音乐会被视为有史以来第一场

摇滚名人堂与博物馆模型(贝考弗及合伙人事务所提供,©PCF)

宛若超级雕塑的摇滚名人堂与博物馆

摇滚音乐会 [2]。1985 年 8 月 5 日一群唱片界的巨子们在纽约成立摇滚名人堂基金会，想借组织的力量提升摇滚乐在娱乐圈的地位，并且要以兴建名人堂彰显摇滚乐对社会的影响，对文化的贡献。大克利夫兰成长协会（Greater Cleveland Growth Association）知道基金会的构想，表现了强烈的企图心，奋力与费城、纽约、洛杉矶、芝加哥与新奥尔良等大都市争取设置名人堂的机会。1986 年 1 月《今日美国报》举办民意调查，征询何处是摇滚名人堂落脚的最佳都市，结果克利夫兰市以 110 315 票荣登榜首，比获得 7268 票排名第二的孟菲斯高出许多，更关键的是从州政府到市政府，都表示愿意在财政方面支持以玉成此事，于是基金会于

1986 年 5 月 5 日宣布克利夫兰是未来名人堂的家。

基金会甄选建筑师时看中设计美国国家美术馆东馆的建筑师贝聿铭，但是贝聿铭自认为不是合适的人选而迟疑。大西洋唱片公司（Atlantic Records）总裁阿麦特·厄蒂冈（Ahmet Ertegun，1923—2006）与《滚石》杂志发行人詹恩·温纳（Jann S. Wenner，1946— ）特别安排了一趟摇滚之旅，亲自陪着贝聿铭到猫王的故乡，到新奥尔良爵士乐的表演圣地保存厅（Preservation Hall），到乡村乐的重镇田纳西州纳什维尔市，他们还共同去听保罗·赛门（Paul Simon，1941— ）的演唱会。这才打动贝聿铭而获得首肯，当时预计于 1990 年开馆，经费预算为 2600 万美元。

遴选堂址是接踵的大事，候选的基地多达十余处，包括在剧院广场史迹区（Playhouse Square Historic District）的一处空地。对贝聿铭而言，这不是他第一次与克利夫兰市政府打交道，早在 20 世纪 60 年代，贝聿铭及合伙人建筑师事务所曾在史迹区南侧的 65.96 公顷区域提出过一项惊人的都市更新案，以超大街区的观念兴建高层办公大楼、购物中心与商店。其中有一半的土地规划为公园与开放空间，这种拆除原有建筑物，大规模投资兴建的方式是 20 世纪 60 年代美国都市更新建设的典型模式。以今日之观点被认为大不可取，因为大规模的实质环境改变，非但毁坏了都市原有的纹理，也破坏了既有的社会结构，都市更新所涉及的不只是拆老屋盖新房的措施。名人堂的基地贝聿铭最终选择毗邻车站大厦（Terminal Tower）西南的一处坡地，车站大厦兴建于 1930 年，高 52 层，是克利夫兰市的地标建筑物，是大众运输系统的枢纽站，附近有购物中心、大百货公司与大饭店等，贝聿铭看中的是潜在的人潮与便捷的交通。1988 年 9 月设计方案公布，建筑面积 789.68 平方米的摇滚名人堂包括了 7 层的展览空间，具备博物馆的功能，估计可以创造 2600 个就业机会，每年可吸引 60 万参观人次，每年可以给当地带来 8500 万美元的利益。这些都是市政府乐观其成的最大利基，不过兴建经费已高升至 6500 万美元，工期延后，预期至 1992 年才能落成。可是最大的困难是车站大厦区域的商家、地产投资人大力反对，他们的理由是摇滚名人堂与博物馆所引发的车潮与人潮会导致该地区的交通瘫痪，这迫使市政府不得不在 1990 年 12 月 18 日宣布另觅新址。从这个事件可以感受到美国政府与民间对交通问题重视的程度，与彼此互动的关系。

新基地位于市区北侧的北岸港（North Coast Harbor），滨邻伊利湖（Lake Erie），市政府有心借着摇滚名人堂与博物馆，加上新建的科学博物馆，配合既有的球场与马沙汽船博物馆（Steamship William G. Mather Maritime Museum），构成克利夫兰的休憩中心，达成都市更新的目标。馆址唯一可取之点是亲水，其在东九街街尾，被高速公路、铁路与市区隔绝，没有大众交通系统直达，更严重的是没有停车场，开车族必须将汽车停在距此五个街区之远的购物中心，搭乘免费的接驳公交车才能抵达。这种不考虑公共服务设施的现象，在美国倒是令人讶异的异象，难怪在开幕典礼前夕，贝聿铭特别挑明博物馆的困境，提醒市政府要实践当初的承诺。依市政府的计划，将从车站大厦延伸原有的地铁线至北岸港，限制大货车进入，将运输系统改为由西三街进入该区，同时降低附近小机场的停车费率，方便来参观的开车族。1996 年轻轨的水岸线（Waterfront Line）通车，使大众可自市中心的车站直达摇滚名人堂。

受基地变换的影响，原本的方案理当放弃重新设计，但是贝聿铭仅将原本的高度从 200 英尺（60.96 米）改为 165 英尺（50.29 米），改变的原因是受限于旁边机场的飞行管制，其余的些微变动微不足道，这与他一向所强调的建筑物应该与环境关联之建筑理念很不符合。更换建筑基地对建筑师而言是很寻常的事，早年肯尼迪图书馆一案，从波士顿哈佛大学迁至麻省大学（University of Massachusetts），就出现迥然不同的方案，像摇滚名人堂与博物馆这样"移植"设计方案的情形，是贝聿铭作品中的例外。

位于克利夫兰市伊利湖畔的摇滚名人堂与博物馆

　　从构想历经迁址到定案，岁月荏苒，5 年过去，早先信誓旦旦的开馆日子早就过了，问题的症结在基金会的人事，没有专职人员负责募款，再加上公共部门的相应经费迟迟未能获得。直至 1991 年 4 月情势才改观，俄亥俄州、郡、市三级政府共出资 3100 万美元，港务局发行 3400 万美元债券，结合民间的 1900 万美元，终于促成 1993 年 6 月 7 日开始动工。这回对开幕日期压根儿不提了，1994 年 7 月 28 日工程进行至上梁，整幢建筑物的雏形毕现，1995 年 2 月美国的《前卫建筑》杂志特别予以报道，这是摇滚名人堂与博物馆首度较完整地举世公开，千呼万唤总算于 1995 年 9 月 1 日开馆。开幕当天，在克利夫兰市区有踩街活动，最受瞩目的是长达 7 小时的摇滚音乐会，通过电视实况转播，全球观众与在体育场的 5700 名歌迷共享盛会。

　　耸立在伊利湖畔的白色摇滚名人堂与博物馆本身就像明星般受人瞩目，这幢建筑物就如同贝聿铭其他的名作，以大胆的出挑空间，戏剧化的几何造型为现代建筑添新史页。建筑物很清晰的是由四个几何元素所构成：巨大的三角形玻璃面，垂直高耸的正方体高塔，站立在圆柱之上的圆鼓空间与出挑的长方体盒子。这些三角、正方、圆与长方的体量分别代表着大厅、展览馆及名人堂、表演场与电影院，共同组合出一件超大的雕塑品。

摇滚名人堂与博物馆由几何元素所构成

　　从东九街走向博物馆，人们首先体验的是占地 4.86 公顷的广场，其主要供举办户外活动之用，与贝聿铭其他作品的广场相较，共同点是尺度恢宏，成为建筑的前景，烘托建筑物。但此广场空无一物，缺少了贝聿铭一贯喜欢安置的艺术品，甚至连些微微的绿意都没有，显得十分的空旷。在达拉斯市政厅的广场，有成荫的林道，有亨利·摩尔的作品；在华盛顿国家美术馆东馆，有樱花、有喷泉、有采光的三角玻璃罩、有亨利·摩尔的巨作；在卢浮宫，有喷泉、有水池、有著名的玻璃金字塔、有仿作的路易十四的骑像；在香港中国银行，庭园中有杏树、有假山、有流瀑、有朱铭的雕塑。相形之下，克利夫兰摇滚名人堂与博物馆的广场着实令人诧异。广场之下的地下层，是主要的展览空间与行政空间，按已往的手法，大可设计一些天窗让地下的空间突破没有自然光的局限，也可以令广场空间为之生动有生气。不知是否是受限于作为户外表演活动的功能，抑或是经费不敷，造成空旷的广场。

摇滚名人堂与博物馆的广场

华盛顿国家美术馆东馆广场的采光三角玻璃塔

充满生气的巴黎卢浮宫拿破仑广场

被贝聿铭称为"帐篷"的三角形玻璃体，初睹之际令人联想到卢浮宫的玻璃金字塔，事实它更像未曾实现的肯尼迪纪念图书馆方案。以 4 英尺（1.22 米）为模块的正方形玻璃格子，从地面延伸到 5 层楼高之处，白色的结构钢管以更大的正方形格子为模块，两者交织出一幅富有展现力与韵律的"透明画"，使得在馆外的访客尚未登堂就能"透视"内在的风貌，吸引人们迎向博物馆。踏进馆内，访客很自然地被充满阳光的大厅吸引，抬头举目，在心理上就被这个巨大的空间折服，这是贝聿铭作品最令人钦佩之处，他刻意的经营，时时处处颠覆人们对于寻常空间的感受。贝聿铭体察到摇滚乐的表白方式很有爆发力，充满了活力，歌手们常不管听众能否接纳，总是很裸露激烈地表白，因此企图借着透明的造型来表达摇滚乐的精神。"玻璃、金属与造型是我设计的理念"，贝聿铭自陈。大厅的右侧是卖场，面积甚大，占了半个楼面，贩卖的商品琳琅满目，甚至博物馆建筑被制成模型供人们买回家当作纪念品，相关的衍生商品是馆方重要的财源之一。馆方生财有道，从汹涌的人潮可知其大发利市。参观者必须从大厅左侧步行至电动扶梯，到地下层的售票口购买入场券才能进入博物馆，这与卢浮宫的情况相同，将地面层的公共空间免费开放，大大增加了卖场的利基。

观众在搭电扶梯下至展览空间之前，必然会看到悬吊在大厅的四辆汽车，这是 U2 合唱团在德国巡回演唱时的交通工具，四辆汽车的机械全被掏空，以减轻结构体的承受力。这不禁令人联想到贝聿铭的另一名作华盛顿国家美术馆东馆，东馆的大厅有从天而降的名艺术家亚历山大·考尔德（Alexander Calder，1898—1976）的活动雕塑；不过为了配合建筑物的身份，摇滚名人堂与博物馆设置的不是精致的艺术品，而是狂放的装置艺术品，四辆车的外表分别贴上镜片，穿上虎皮，配着闪亮的灯管，漆上报纸的头条新闻，十足的流行文化表现。

　　地下的展览面积达 724.64 平方米，在展览空间入口处的玻璃砖坡道，变幻的蓝色光影由脚下透出，营造神秘的气氛，为特殊的空间体验开启不一样的序幕。首先映入眼帘的是一系列摇滚乐对美国文化影响的资料，浏览之际油然地佩服摇滚乐基金会的远见宏观，佩服其将流行音乐包装，

充满阳光的摇滚名人堂与博物馆大厅

电扶梯通往地下层的展览空间

玻璃、金属相结合的造型是摇滚名人堂与博物馆的设计理念

大厅高处悬挂着装置艺术品　　　　　　大厅右侧商店一隅

将之升华到文化的层面。其旁有两个小电影院，放映着由资料汇整精制
剪辑的影片，借由动态再强化人们的认知。在电影院了解初步的历史背
景后，接着是九个小点播站，有五百首按风格分类、精挑的摇滚乐曲，
观众可按电钮聆听一小段歌曲，了解不同时代歌曲传承的脉络。这般让
观众有主导权的展示方式着实具有吸引力，因此造成九个点播站永远大
排长龙。由孟菲斯、新奥尔良、底特律、旧金山、伦敦、纽约、西雅图
各大都市构成的次组点播站，表现各地摇滚乐的差异，加上蓝调、灵魂
等风潮，让观众再度体验一次摇滚乐的洗礼。最后一区展示着各种相关
的藏品，诸如猫王曾使用过的吉他、约翰·列侬使用的日常用品、麦当
娜的金胸罩等，共计有四千余件。装扮的木偶是名服装设计师所设计，
以期摆脱传统蜡像馆定制化的品位，这些收藏品得归功前《滚石》杂志
主编汉克（Hank Shteamer），通过他的关系与努力，半买半借才促成

博物馆得以有此规模。地下展览区严禁摄影，这个禁令颇为特殊，通常欧美的博物馆只要不用三脚架、不用闪光灯，都开放摄影。

　　走出幽暗的地下室，搭上缓缓移动、直通二楼的电扶梯，观众被带到敞亮的大空间，这是贝聿铭动态空间理论的实践。电扶梯在贝聿铭的作品中居重要地位，电扶梯不仅是垂直上下的交通动线，更是让人们体验空间、欣赏艺术的工具。华盛顿国家美术馆东馆、波士顿美术馆西翼、巴黎卢浮宫黎塞留馆及新加坡莱佛士城都可以发现相同的手法，贝聿铭将空间与光线结合，让人们沐浴在光明之中，使人神旷心怡，摇滚名人堂与博物馆再度让人们体会贝聿铭的空间光影美学。

　　二楼主要在展示广播、电视、电影、录影带与印刷品等媒体与摇滚乐的关系，《滚石》杂志与其他刊物的封面占有一区，其旁是96个荧光幕合成的电视墙。此楼层的一隅特辟了一间录音室，以纪念发掘猫王与杰瑞·李·刘易斯（Jerry Lee Lewis, 1935— ）的曼菲斯播音员萨姆·菲利普斯（Sam Phillip, 1923—2003），录音室的摆设完全按其生前的工作状况布置，所有的设备都是原件，分外彰显其纪念性。位于三楼的表演厅开幕时尚未完工，于1996年9月方才启用。三楼以餐厅为主，通往表演厅的廊桥也是餐厅的一部分。贝聿铭的作品几乎都少不了廊桥。

廊桥是贝聿铭空间中的最爱

俯视廊桥与入口大厅

在摇滚名人堂与博物馆，在廊桥可俯视大厅，仰观蓝天，远眺克利夫兰市区的天际线，廊桥是全馆内欣赏景观的最佳地点。索骥贝聿铭的廊桥设计，从早期艾弗森美术馆，到华盛顿国家美术馆东馆、巴黎卢浮宫黎塞留馆，乃至晚年的卢森堡现代艺术博物馆，廊桥莫不再三被应用，成为贝聿铭作品的"注册商标"。在摇滚名人堂与博物馆，廊桥的效果与达拉斯莫顿·梅尔森交响乐中心相同，面对一大片玻璃墙，透视壮观的都市景观，打破室内户外的藩篱，让上下走动的人们在欣赏展品之际，同时饱览都市风光。

四楼功能很单纯，仅是一间挑空 19.8 米的电影院，每半小时放映一部二十分钟的短片，内容是回顾美国历史大事件，引述摇滚乐在不同时期对文化的冲击影响。眼见 1970 年 5 月肯特大学生被国民警卫队射杀的事件，民权领袖马丁·路德·金博士的美国梦破碎，肯尼迪总统在达拉斯被暗杀，美国大兵自西贡撤退……震撼的镜头在震撼的音乐配合之下，

独立于湖面的环形鼓状建筑是三楼的展览室

令人深刻地感受了摇滚乐与时代脉络的合拍。由四楼至五楼，走楼梯是上楼的唯一方式，这是贝聿铭刻意经营的空间效果。五楼是位于六楼的摇滚名人堂的前厅，贝聿铭将原先靠电扶梯上下楼的方法在此层改变，也就是昭告观众，原先各楼层的展览性质将有所转变，贝聿铭希望观众"走最后一段路，以虔诚的心情走至全馆最崇高的空间"。这座楼梯突出高悬于大厅，就像贝聿铭其他的名作，楼梯有若空间中的雕塑。在到地下楼层的展览室之前，抬头必然看见这座楼梯，使人好奇地想一探究竟。这座楼梯令人又联想到华盛顿国家美术馆东馆有名的"罗密欧与朱丽叶"楼梯，不过与之相较，摇滚名人堂与博物馆的这座楼梯显得过窄，不符合公共场所的需求。楼梯的平台处正是俯视大厅全景的最佳地点，可是人上人下，根本不容许片刻逗留。再则此楼梯的造型不够精致，体验过巴黎卢浮宫玻璃金字塔内的不锈钢螺旋楼梯，就格外地嫌此转折的楼梯过于平淡。

悬挑的长方体是四楼电影院

在五楼的一隅，也有一间播音室，这与二楼纪念萨姆·菲利普斯的录音室大有差异，这间播音室是可以实况广播的工作室。馆方将广播的现场作为展览室，这又是一个别致的卖点。早在开馆前克利夫兰的地方电台 WMMS 于 8 月 24 日就进驻使用，开幕当日芝加哥的 93XRT 电台使用该播音室制作特别节目，来自世界各地的电台皆可以申请使用，通过这个方式，也为摇滚名人堂与博物馆做了最佳的公关与宣传。五楼的名人堂前厅空无一物，正中央是一个巨大的圆形楼梯，微弱的灯光由梯阶缝处泄出，引导人们来到幽暗的六楼。在六楼唯一明亮的是"登堂"的摇滚名人录，墙面上有由激光刻出的名人们签名，分为演唱、非演唱、

高且从中的楼梯引领参观者到达顶层的名人堂

华盛顿国家美术馆东馆有名的"罗密欧与朱丽叶"楼梯

甲和卢浮宫玻璃金字塔内的不锈钢螺旋楼梯

早期有影响与终生成就等四项，其中当然以演唱者居多，2016 年获得诺
贝尔文学奖的鲍勃·迪伦于 1988 年登堂。"登堂"的条件是第一张唱片
发行至少有 25 年的历史，经过委员会遴选评鉴提名，再经由各相关专业
人士票选才能脱颖而出。名人堂的设计，笔者认为贝聿铭并未介入，否
则以其在顶楼的位置，大可将阳光引入室内，正如贝聿铭其他的设计，
利用光影为空间制造出神奇美妙的效果。但是现今顶楼的名人堂光线微
弱，观众参观之际得随时留意避免与其他人相碰撞。从事展示设计的伯
迪克集团（The Burdick Group）将所有展示空间以暗调处理，与贝聿铭
设计的公共空间的明亮宽敞，恰成强烈的对比。

　　全馆可谓是由公共的光世界与幽暗的摇滚乐世界所组成，此馆落成
后，参观人潮汹涌，迫使馆方不得不采取定时限量的政策，以保持馆内
人数不超过 2500 人的容量。贝聿铭认为要保有较佳的展示参观水平，容
量应以 1000 人为限。与贝聿铭曾设计的美术馆比较，摇滚名人堂与博物

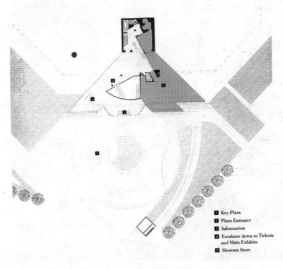

配置图与一楼平面图（取材自摇滚名人堂与博物馆宣传折页）

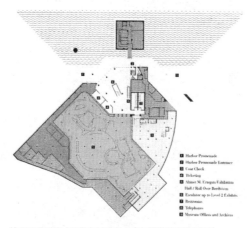

地下层平面图（取材自摇滚名人堂与博物馆宣传折页）

1 Cafe

2 Outdoor Cafe Seating

3 Additional Cafe Seating

4 Level 3 Exhibit and Ramp to Level 4

5 Restrooms

6 Telephones

三楼平面图（取材自摇滚名人堂与博物馆宣传折页）

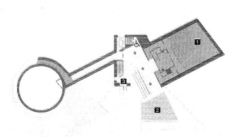

1 It's Only Rock and Roll Cinema

2 Exhibit

3 Stair up to Hall of Fame Lobby

四楼平面图（取材自摇滚名人堂与博物馆宣传折页）

1 Hall of Fame Lobby

2 DJ Booth

3 Induction Ceremonies Exhibit

4 Stair up to Hall of Fame

五楼平面图（取材自摇滚名人堂与博物馆宣传折页）

1 Hall of Fame

2 Stair down

六楼平面图（取材自摇滚名人堂与博物馆宣传折页）

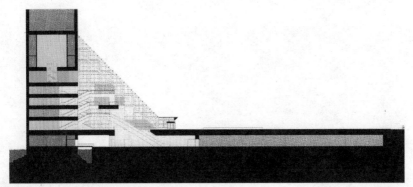

剖面图（取材自摇滚名人堂与博物馆宣传折页）

馆规模甚小，除了康奈尔大学的赫伯特·F·约翰逊艺术博物馆，他设计的美术馆建筑鲜少超过三层，而摇滚名人堂与博物馆高达六层。因此贝聿铭对人在空间走动的动态感受至为关切，有心作为建筑表现的课题。不可否认，大三角玻璃大厅达成了贝聿铭的构想，但是其所提供的视域只有朝向市区的单一方向，整幢建筑物朝向湖的立面太少，美丽的湖光被忽视委实是一大遗憾。

历时九年余，从初案 882.58 平方米的规模，变更为 1161.29 平方米，至完成后的 1393.55 平方米，此馆正像贝聿铭的其他作品，波折再三，经费甚至高达 9400 万美元，是早先预估的 3.6 倍 [3]。但是当克利夫兰市民目睹之后，莫不以拥有如此杰出的公共建筑为荣。俄亥俄州州长乔治·沃伊诺维奇（George V. Voinovich，1936—2016） [4] 于 1980 年出任克利夫兰市长时，就倡导联合开发的观念，主张由民间与政府合作从事开发案，摇滚名人堂与博物馆乃此政策的具体实现，也是市政府有心跻身国际化都市的一项有利建设。克利夫兰市民认为名建筑师贝聿铭造就了一栋有名的建筑物，会吸引全球摇滚乐迷来朝圣，无论是针对建筑还是音乐，都可以大大打响克利夫兰的知名度。市政府当然不会以兴建此馆作为提升该市声誉的单一手法，其他配合的计划包括了 2012 年完成的克利夫兰水族馆与 1996 年夏季揭幕的科学博物馆等。

1996 年是克利夫兰建城两百周年，市政府为了庆祝这个历史上的重要时刻，早在多年前就开始筹划，施政是需要不断地、连续地向目标迈进，摇滚名人堂与博物馆是建城庆祝活动中的一个高潮。贝聿铭有幸能亲身参与，他的作品不是单纯的建筑，更是令克利夫兰引以为傲的公民艺术（Civic Art），建筑的价值与意义远超越作为一个"容器"的需求，贝聿铭，这位现代建筑大师，成功地又为一个都市创作了一件艺术精品。

从伊利湖畔观赏摇滚名人堂与博物馆（贝考弗及合伙人事务所提供，©PCF）

摇滚名人堂与博物馆夜景（贝考弗及合伙人事务所提供，©PCF）

摇滚名人堂与博物馆成为克利夫兰市民引以为傲的公民艺术

注解

[1] Gero von Boehm, *Conversations with I. M. Pei*, Prestel, Munich, 2000, p. 27.

[2] 艾伦·弗里德出生于宾夕法尼亚州，成长过程中几经搬迁，1950 年落脚克利夫兰市，在电台午夜节目中播放蓝调歌曲，因为音乐的节奏激荡让人想随之摇摆翻滚，他将之命名为"摇滚乐"。1952 年 3 月克利夫兰球场举办"月狗加冕典礼舞会"（Moondog Coronation Ball），吸引了 25 000 人参加。1954 年艾伦·弗里德到纽约谋求发展，致力于将摇滚乐推广为流行音乐。

[3] 摇滚名人堂与博物馆开幕前的记者会上，贝聿铭向媒体侃侃而谈其设计理念，一旁的《滚石》杂志发行人詹恩·温纳插话，"我可是付出了代价的"，暗示了对建馆经费的大额注资。他是借贝聿铭英文名字的谐音，揭示了业主与建筑师之间的关系。

[4] 乔治·沃伊诺维奇，克利夫兰市人，1980 年至 1989 年任克利夫兰市市长，1991 年至 1998 年任俄亥俄州州长，1999 年至 2011 年担任参议员。对克利夫兰市贡献良多，摇滚名人堂与博物馆北侧的公园就以他的名字命名。

第七讲

桃源乡记
美秀美术馆

第二次世界大战后的日本民生凋敝，许多人向宗教寻求心灵的慰藉与疗愈，其中的世界救世教（Sekai-Kyusei-Kyo）是于 1952 年成立的一个新兴宗教。该教的创始人冈田茂吉（Mokichi Okada，1882—1955）坚信"人间天国"的存在，倡导追求自然环境的和谐，寻求艺术修为的陶冶。1970 年其信徒小山美秀子（Mihoko Koyama，1910—2003）另外创立了教派神慈秀明会（Shinji Shumeikai），在滋贺县甲贺市信乐山区设立了宗教总部，那里曾是日本天平时代的首都。小山美秀子出生于大阪，由东京自由学园（Jiyu Gakuen Girls' School）高中毕业。自由学园的校舍由美国建筑大师弗兰克·劳埃德·赖特设计，是专门招收女性并提供新式教育的学校。身为日本东洋纺织公司的后代，小山美秀子是日本的女富豪之一，加上信徒的捐献，使得神慈秀明会财力雄厚，刚一成立就开始大手笔地建设宗教基地。

可容纳 5600 位教友的教祖殿于 1982 年落成，由美籍日裔建筑师山崎实（Minoru Yamazaki，1912—1986）设计，建筑物有高耸的四坡向屋顶，暗喻富士山，顶部采用平顶天窗，让阳光洒入室内。在教祖殿的东南方，有一座高达 60 米的钟塔，是小山美秀子于 1988 年委托华裔建筑师贝聿铭设计的小品。当时贝聿铭正忙于巴黎大卢浮宫计划与香港中银大厦的设计，对来自日本的小委托案根本没放在眼里，但是小山美秀子母女于1987年9月亲自到纽约拜访，这使得贝聿铭对这位潜在的业主感到好奇，打听之下发现对方是一位重要人物。两个月后贝聿铭奔赴香港，途经日本时，亲赴信乐山区参观了教祖殿，留下了极美好的印象，于是接下了他建筑师生涯中规模最小的委托案[1]。

钟塔的造型源自日本乐器三味线的拨子，贝聿铭称自己于1954年途经京都时，买了一个拨子。不过1973年在纽约林肯中心（Lincoln Center for the Performing Arts）的大都会歌剧院（Metropolitan Opera House）正立面就出现了拨子的雕塑，由高两米的黑色花岗岩构建，是日本雕塑家流政之（Masayuki Nagare，1923—）的名作之一，他曾以不同的尺寸与材质在许多场所设置了这个系列的作品[2]。贝聿铭应当看过流政之在林肯中心的拨子雕塑，但是他很巧妙地讲述了一个1954年在京都旅行的故事，说明了钟塔的设计灵感。

神慈秀明会教祖殿

美秀美术馆及前台阶两侧两侧八寿桥教府座

被称为"天使之乐"（Joy of Angeles，Bell Tower）的钟塔，源于小山美秀子在京都的一座庙宇中所见过的手执拨子的天使。钟塔初始以日本当地石材建造，但是贝聿铭对石材的色泽并不满意，认为应该以白色为主，因此他选用了美国佛蒙特州的白色花岗石，使得工程的造价陡然增加了 100 万美元。钟塔高度为 60 米，这是受当地飞行管制的高度限制，贝聿铭希望钟塔高高耸立，越高越好，既然有限高 60 米的规定，不如干脆就达到极限的高度。

原本小山美秀子希望钟塔矗立在教祖殿前方的广场上，广场另一侧的前缘有流政之作品《天门》，那是八个巨大的石雕，象征俗世与天堂的分界。贝聿铭认为广场应该保持纯净的空间，而且教祖殿高达 54 米，钟塔在其前端会显得尺度不匹配，他建议移至目前的位置，钟塔前林木参天的步道形成了极佳的导引效果，钟塔恰好可作为步道的端景地标，当信徒步行至钟塔之下，左转面对开阔的广场时，空间的转变将颇具戏剧效果。

位于神忠中心小树合唱剧院下方而流政之的拨子雕塑　　位于教祖殿左南方的钟塔　"天使之乐"

教祖殿前广场的流政之的作品《天门》

对贝聿铭而言，"天使之乐"钟塔具有多重意义，这是他于 1990 年从贝考弗及合伙人事务所退休之后的第一件作品，而且是一个不能被纯粹归类为建筑的作品。贝聿铭曾表示如果在建筑师与雕塑家两者间做出选择，他偏爱身为雕塑家，但是他从未有机会实践。从繁忙的建筑业务抽身之后，终于有机会从事他曾一度梦想的创作，设计一件宛若雕塑的作品。相较于贝聿铭先前的作品，钟塔的规模实在小的微不足道，而且基地远离尘嚣，有异于昔日众多位于大都市的作品，这座建筑位于绿树环抱的大自然中，是一种他很少尝试的基地环境。其实早在 30 年前，他已经在科罗拉多州博尔德美国国家大气研究中心有过与自然相处的经验，那次的成果不但贝聿铭本人很是得意，业主也颇为满意，这在一定程度上也促成了美秀美术馆的诞生。

日本人对于茶道甚为着迷，小山美秀子当然也不例外，她收藏了一些茶具，有心在美术馆中兴建一个展览场所，然而人们何以大老远地前往深山参观与市区相同的展览呢？美术馆若想有吸引力，就要有特色，因此可以将茶具作为基础，添加更多历史文物，贝聿铭建议收集丝绸之路沿线的文化珍品，这就是美秀美术馆以不同典藏品分为南、北两馆的原因。

神慈秀明会原本提议的基地位于一处山谷，有溪河流经，贝聿铭对此并不满意。他举例表示东方名寺莫不在山上，让人攀登，有朝圣的效果，美术馆也应该有相同的理念与位置。1991 年 4 月 22 日小山母女安排贝聿铭走访重新选择的基地，那是一个人迹罕至的山区，为了这次勘察，还特地在陡峭的山坡地新辟台阶，路途颇为艰辛，贝聿铭夫人与小山美秀子是被人抬着上山的。但是贝聿铭却看中了远方的另一个山头，那儿山脊的腹地不大，需要凿山洞跨峡谷才能到达，这使得贝聿铭想到儿时读过的晋朝陶渊明的《桃花源记》，它描述了一个没有战乱、人民自给自足安和怡乐的社会。这正顺应了神慈秀明会"人间天国"的理想，即使贝聿铭与小山美秀子在言语沟通上存在困难，但是通过汉字表达，他的理念能够被理解、接受，最终被付诸实践，这不得不让人敬佩贝聿铭"推销"设计的功力 [3]。

基地位于自然保护区内，建筑法规的限制对于建筑师是最严酷的挑战。按当地建筑法的规定，建筑物高度不可超过山脊线 13 米，仅允许 2000 平方米的外露面积。因此整个馆舍有 80% 被埋在山坡之内，只有西侧的立面顺着坡面露出。整座山脊先被挖掘掏空，达十万辆车次运输的土方暂时被存放在堆置场，经历三年半的施工，建筑主体完成后，土方才被运回基地覆盖在建筑物之上，并将原有的植栽复育。由于建筑物被土方围蔽，防止土地的水气侵入是保护文物与建筑物主体最关键的课题，因此壁体被设计成两层，内外壁之间留有 60 厘米的间隙，间隙作为空气槽，可以阻隔湿气。地下一层设有机械室，由室内的空调机调节湿度，空气槽同时兼作更新室内空气的渠道 [4]。

当人们从京都搭乘一小时余的车程抵达美秀美术馆时，首先映入眼帘的是一座接待馆。接待馆的平面呈等腰三角形，以三角形底边的中央作为圆心，以 14.5 米的半径在三角形的平面中切出一个半圆，与馆前回车场的圆共享同一个圆心，这种几何形式的用地规划是典型的贝聿铭手法，

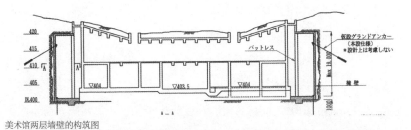

美术馆两层墙壁的构筑图

被自然保护区的法规限制了建筑高度与外露面积的美术馆屋顶

华盛顿国家美术馆东馆、波士顿美术博物馆西翼扩建等项目莫不见相同手法的运用。内外空间交融形成一道圆弧，正是接待馆的动线。通过天窗的设计，贝聿铭为这规模不大的简洁空间注入了变化多端的光晕效果。为了避免强烈的直射眩光，天窗的玻璃下面密布着遮阳的细条。抬头仰视，细条呈木质感，其实全是由金属铝棒漆饰成木纹。木构造是日本建筑的

特色之一，贝聿铭的初衷是借由木横条营造日本风格，但是要达到需求的长度，木条的强度不足，以致不得不以金属取代。考虑现实，将金属表现成木料，现代主义的忠诚原则在此不得不违背了。

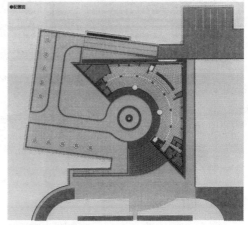

美秀美术馆接待馆平面图（取材自 *Miho Museum*，日经 BP 社）

美秀美术馆接待馆

接待馆内变化的光影　　　　　　　　接待馆天窗下方的遮阳金属条

接待馆提供购票，餐饮、邮寄、售卖商品等服务，6 米高的楼层，令这个小建筑物显得毫不局促。此馆设有地下两层，分别作为机械房与消防储水槽之用。半圆入口两侧的石墙各长 20 米，深白的石墙采用来自山东的石材，当广场上的树影映照在墙面上时，形成逸趣横生的水墨画效果。室内的光晕，户外的光影，都充分传达了贝聿铭"让光线作设计"的理念。

桃花源记中渔人舍舟登岸，现代人到美秀美术馆则须弃车步行，从接待馆出发开始寻幽探密之旅。不过馆方额外提供了电动车作为代步工具，为不便步行一千米有余的参观者提供更多选择。离开接待馆前方的广场，走在绿树夹道的路上，前方的隧道隐约可见。进入被铝材披覆的隧道，墙面上的线性光源具有引导的功能，水平线上方均匀分布的半圆灯具，只见点点微光，为隧道空间增添了神秘感。半圆灯具在贝聿铭的

接待馆外墙面异趣横生的光影

作品中屡次出现，如波士顿美术博物馆西翼，达拉斯莫顿·梅尔森交响乐中心、香港中银大厦等，不同的设计案中运用了不同的材质。求同存异是贝聿铭一贯的手法，力求细部设计臻至完美，灯具就是明证。两百多米长的隧道在间接照明之下，呈现出极为柔和的氛围。此外，隧道不以直线贯穿是有个中缘由的，贝聿铭试图创造令人惊喜的空间感受，让人们从封闭的隧道中走出时，能面向豁然开朗的山谷，遥望远处的美术馆。

　　从长达 217 米的隧道步行走出后，可见一座长 120 米、宽 7.5 米的吊桥跨越山谷，直达美术馆前的广场。倾斜 60 度、高 19 米的钢拱牵拉住 96 条钢索，在阳光照耀之下，钢索如同光芒般射向美术馆，将前方的美术馆框在钢索所形成的虚空间内，形成一幅美景。美术馆并不正对着隧道洞口，这不知是受制于地形，还是刻意的安排。相同的布局在巴黎卢浮宫广场也曾采用过，路易十四的雕像被摆放在玻璃金字塔的东南角，而不是惯常地被置于轴线上。为了让山谷中的植栽仍可受到雨露沾润，桥面特别采用透水的陶板。连接市桥的隧道西侧墙面瞧不到灰色的

从接待馆走向隧道的山路

隧道入口

富于神秘感的隧道空间

混凝土框，取而代之的是绿树，要在倾斜的混凝土墙面植树是极困难的
工程。为了提升环境的美感，馆方在贝聿铭的要求之下，不计代价地全
力完成，使得吊桥更为完美，是通往美术馆途中的空间"娇"点。2017
年5月路易威登在美秀美术馆举办2018年时装秀，吊桥成为伸展台，
极尽美之能事！

连接吊桥的隧道壁面全是树木，大大提升了环境的自然美感

从封闭的隧道遥望远处的美术馆

吊桥是通往美术馆途中的一个空间交点

2002年11月2日国际桥梁结构工程协会（International Association for Bridge and Structural Engineering）在美秀美术馆举行年会，并为这座美丽的吊桥颁发卓越奖。这座吊桥先后获得的奖项达六个之多，负责设计的结构工程师莱斯利·罗伯森与贝聿铭的事务所合作多年，自1975年起伊朗德黑兰凯普赛德集合住宅项目（Kapasd Housing）之后，贝聿铭重要的作品都有罗伯森贡献的身影。

从吊桥远观美术馆，山林掩映之间，只见突出的屋顶。其形式源自日本传统设计，以空间桁架结构系统构成歇山式屋顶，扬弃日本传统屋顶的瓦片，采用了现代材料的钢材与玻璃，阳光透过玻璃，在大厅、廊道、餐厅等公共空间，营造出光影变幻的世界。由日本纪萌馆设计室所设计的桁架结构系统中的球体结，贝聿铭一度认为不够精致，要求重新设计，如今6米长的钢管搭建在19厘米的球体结上，结构需求不同，球体结上钢管的数量也有所不同，最多时有9支钢管，全馆共有106个球体结，从数量可知结构的复杂程度。

经过山林路径、神秘隧道、美丽吊桥后，终于到达广场，可以拾阶进入美术馆。贝聿铭将建筑物抬高，目的在于营造登山朝圣的意境，固然是落实精神层面的设计方法之一，但贝聿铭考虑了另一个重点，就是从建筑西侧远眺风景的效果，尤其要能够从美术馆看到教祖殿与钟塔。这涉及美术馆一楼的水平高度应该坐落在何一高度，在现场几经观察实验后，最终决定标高408.5米是一楼最理想的位置[5]。此外，台阶两侧有八盏灯座，不知是巧合还是有心，这与教祖殿前流政之的雕塑《天门》的数量互为呼应。

自动开合的玻璃月门之后是过渡的门厅，从月门回望吊桥与隧道，可以瞧见经过绿化的隧道洞口，贝聿铭刻意地以框景方式将美景引入。在大厅朝西望，则可见到三株百年古松坐落在大幅落地门窗之后，远方山岚衬托，宛如日本室内常见的屏风，贝聿铭再度以借景方式创造了令

美术馆的屋顶以玻璃与钢材构成现代化的歇山式屋顶

因为结构需求，不同数量的钢管搭建在球体结上，营造了力的美感

从美术馆大厅远眺教祖殿与钟塔

人惊叹不已的风景画屏。画屏左前方是一株三百年的九州岛榉木，横卧作为座椅之用，座椅顺着年轮劈出顺畅的轮廓，看似不经意的作为，却是设计者用心与自然的对话。尚未进入展览室，贝聿铭就通过自然创造了多幅美景，很符合神慈秀明会的立教精神。

美秀美术馆的北馆以展示日本艺术为主，多间展览室组合成口字形平面。名为"石院"的中庭，是典型的日本庭院，取材自鸟取县的佐台石为方正的回廊建立了空间参考的坐标，参观者借由与石块的相对关系，不至于迷失方向，这是造园景观的意外效果。回廊有大片落地门窗，可供人们欣赏中庭，因为阳光曝晒，光线过于强烈，馆方自行加装了木百叶窗，

从月门回望吊桥与隧道，瞧见框入的美景

从大厅朝西望可以见到被远方山岚衬托的百年古松，宛如日本屏风

大厅中横卧的座椅取材自一株三百岁的九州岛榉木

却无奈遮挡了欣赏庭院的视野，真是理想与现实之间的矛盾。北馆的展示室以橱柜作为展示方式，橱柜的照明柔和，参观者不会被强光刺眼，这得归功于负责灯光设计的 FMS（Fisher Marantz Stone）公司的贡献。它成立于 1971 年，贝聿铭设计的苏州博物馆与多哈伊斯兰艺术博物馆也皆由其负责灯光设计。美秀美术馆的灯光设计曾荣获 1999 年照明工程协会（Illuminating Engineering Society）纽约分会的年度奖与 1998 年国际灯光设计师协会（International of Lighting Designers）卓越奖。

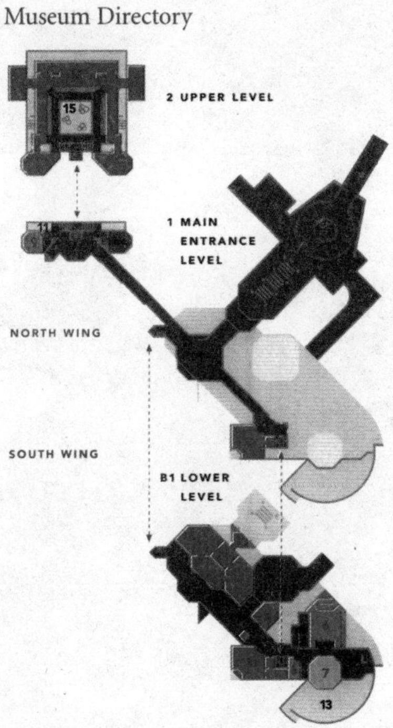

Museum Directory

2 UPPER LEVEL

1 MAIN ENTRANCE LEVEL

NORTH WING

SOUTH WING

B1 LOWER LEVEL

美秀美术馆平面图
1. 接待处 / 大厅
2. 埃及室
3. 西亚、希腊语罗马室
4. 南亚室
5. 中国室
6. 演讲厅
7. 茶室
8. 视听室
9. 视听室
10. 日本室
11. 商店
12. 商店
13. 苔庭
14. 室内竹苑
15. 石院

美秀美术馆平面图（取材自美秀美术馆折页）

通往北馆的长廊

在北馆大厅让光线做设计

北馆石隙四周的回廊

　　照明在美术馆中扮演着极为重要的角色，不单要满足呈现展览品的功能诉求，还要与空间氛围相契合。贝聿铭主张展览品应尽量在自然光下展示，然而要防止自然光中紫外线对展品的破坏，就势必要依赖设计解决问题。美秀美术馆的天窗于屋顶位置突出，下方是一个"搅拌"光线的方盒子，使得自然光通过多重过滤，柔和地渗入展示室内。展示室内的天窗必然是上小下大的梯形造型，好让自然光由斜面漫射入室内。天窗周边辅以投射灯，遇到阴暗天气、自然光不足时，能以人工照明弥补。投射灯都细致地被调整了角度，以保证不对参观者产生刺眼光照。

美秀美术馆屋顶突出的天窗为展示室提供了自然光源

入口台阶处的八盏灯座、大厅与廊道的三角灯乃至北翼楼梯处的灯，其灯罩都是刻意加工磨薄的大理石片，相同的灯具早在1993年的纽约四季酒店中就出现过。贝聿铭为达到柔和的照明效果花费不菲，当然这也有赖于业主财力雄厚且愿意出资才能达成，这种薄大理石片的灯罩在达拉斯莫顿·梅尔森交响乐中心也运用过，每盏灯的平均费用高达二万多美元。

南馆的展示室大部分位于地下一层，但由于坡度与西立面开敞的落地窗，令人丝毫没有身处地下的憋闷感。南馆唯一在一楼的展间以展出埃及文物为主，六角形展示间的北面以橱柜展览文物，正中是公元前3世纪的阿西诺亚女王二世神像（Statue of a Goddess，Queen Arsinoe II），雕像被很有设计感的暗灰色照壁石墙衬托，刻意抬升的座阶让女神像拥有极佳的展示空间，也防止观众过于靠近触摸，比起用隔离架阻止观众靠近展品的方法，此处意境可谓更胜一筹。埃及室南面另附一间小室，

美秀美术馆大厅与廊道的三角灯　　　　　　　美秀美术馆大厅与廊道的三角灯

隼首神像（Cult Figure of Falcon-Headed Deity）被独立展示以示尊崇，这座神像曾被印在美术馆开幕的海报上，出现在京都街头，开幕当日的导览折页也以隼首神像为首页，显然馆方将之视为镇馆之宝。

　　埃及室正下方，在地下一楼的展室以西亚文物为主，两者空间格局相同，但是在照壁处，由于进深空间很小，出自保护亚述文物的想法，馆方摆了隔离架，这可真是一大败笔。展室中的桑谷斯克地毯（Sanguszko Carpet）长达 6 米，为了这件晚期自拍卖市场取得的文物，贝聿铭特别更改设计，提高屋顶，增设天窗。为达到烘托的效果，地毯的背景墙面一改通常的白色，更易成蓝天色彩。相同的色彩计划也在中亚展室出现，犍陀罗佛像的背景色是橘红色，上方洒下的阳光，佐以局部的人工照明，展示的效果绝佳。中亚室旁的中国室由五个小展间构组而成，这与贝聿铭哈佛大学硕士毕业设计理念一脉相承。贝聿铭认为中国文物的尺寸相对比西方文物小巧，不宜以西方美术馆的通用空间展览，应该借由较小的空间串联展出。而中国室亦是六角形的展间，显然六角形是北馆空间的特色之一。

　　中国展示室外部的宽敞空间有三重功能，是动线的走廊，也是展览罗马碎锦画的艺廊，还是供观众休憩的好场所。从早期华盛顿国家美术馆东馆以来，在室内种树乃贝聿铭为空间建立尺度感的必然手法，树植周遭护圈的高度一定合乎人体工学，可供坐歇。这个空间挑高两层，可从一楼的廊道俯视碎锦画，着实为观众提供了多元的欣赏视角。

　　地下一层廊道的尽头是餐厅，餐厅内植有竹子，乃是延续廊道的绿意，由不同的植栽营造不同的氛围。餐厅西侧外的庭园名为"苔庭"，与北馆的"石院"一样，皆由京都著名庭园师中村义明（Yoshiaki Nakamura，1946—）设计，他是"义明兴石造园"的第二代传人。贝聿铭很在意庭园内鹅卵石与草地交接的情况，希望软硬交界尽量自然，中村义明为此与贝聿铭还有一些争论 [6]。环顾庭园的风貌，为了安全因素兴建了白色矮

南馆一楼埃及室一隅

埃及室展出的隼首神像是美秀美术馆镇馆宝之一

南馆地下一楼的西亚室一隅

中亚室内沐浴在自然光中的犍陀罗佛像

由较小空间串联的中国展间一隅

墙，但是并没有内外分隔之感，墙内外的树木连成一片，就像自然生长的一样。美术馆周边约有一万平方米的林地是工程完成后补种的，馆方将树木分成高、中、低三类，高度从5米到1米不等，数量达7000余株，显然不仅关照到地面线性的自然，还营造了空间的自然。

餐厅后方有一个可容纳100人的演讲室，墙面饰以0.49平方米的格子木板，以达到吸音的功效。空调的出风口在坐椅下方，被巧妙隐匿后，整个演讲室显得极为雅致简洁。空调的出风口在贝聿铭的作品中往往被赋予精心的设计安排，一楼通往南馆的长廊中，大片落地窗下方有一道

展览罗马马赛克拼贴艺术的艺廊,既是动线的走廊, 也是供参观者休憩的场所

挑高两层的空间,让参观者得以从一楼的廊道俯 视马赛克拼贴

位于南馆地下一楼的茶室

茶室外的苔庭,庭园以不同的植栽营造自然的景观

长长的沟缝，此沟缝正是出风口；从大厅通往北馆，在西侧挑空的廊道玻璃护栏之下，出风口被巧妙地设置在了呈梯形的楼地板下，从一楼俯瞰不会觉察，从地下一层仰视也瞧不到。这般用心安排的空调风口与照明系统，在美秀美术馆内正是现代建筑精神的体现 [7]。

1997 年 11 月 3 日美秀美术馆开幕，来自世界各地的嘉宾云集于此，剪彩时举行了太鼓表演。在嘉宾们自行参观美术馆后，都到神祖殿参加开幕音乐会，由加泰罗尼亚歌唱家何塞·卡雷拉斯（José Carreras，1946— ）、意大利歌剧女高音歌唱家塞西莉亚·加斯迪亚（Cecilia Gasdia，1960— ）、意大利女中音歌唱家弗郎西丝卡·弗郎茜（Francesca Franci）与钢琴家罗伦佐·巴瓦伊（Lorenzo Bavaj）等奉上了精彩的演出。会中贝聿铭讲述了陶渊明《桃花源记》的故事，对许多西方背景的来宾，他又以香格里拉的故事阐释了美秀美术馆的设计理念 [8]，强调了美术馆会长久存在，无需像渔夫般忧虑找不到桃源乡。当天贝聿铭才获悉，原来美术馆的地址名称就是桃谷 [9]，实属巧合。不过从接待厅至隧道入口的道路两旁，馆方还是种植了日本人热爱的樱花。在餐厅入口旁的墙面，则有一块小小的陶片，上面写有"桃源乡"三字，为美秀博物馆做了至佳的注释。

一个理想的基地，一个热忱、有雄心的业主，一位睿智且胸怀美感的建筑师，在群山中共同创造了凡间的香格里拉，让人们能够亲身体验人类古文明的瑰宝。虽然交通甚为不便，但无论是否热爱艺术，自然、艺术、建筑三者的融合，使得走访美秀美术馆绝对是一次入青山满载而归的心灵之旅。"通过艺术的力量，创造美丽、和平与欢乐的世界。"这正是小山美秀子建馆的理念。

南馆茶室墙面，表明美秀美术馆是"桃源乡"标志的陶器。

以"桃源乡"为名的美秀美术馆宣传刊物

美秀美术馆是今世的桃花源（美秀美术馆提供，©Miho Museum）

注解

[1] 这段过程在 *I. M. Pei – Miho Museum*（Miho Museum, Shiga, May 2012）一书中有记载。

[2] 流政之的拨子系列作品，收藏于美国加州圣地亚哥艺术博物馆、圣路易斯大学、日本香川美术馆等地。

[3] 同注［1］11 页。

[4] *Miho Museum*，日本日经 BP 社，1996 年 12 月，89 页。

[5] 同注［1］22 页与 *Miho Museum*，日本日经 BP 社，1996 年 12 月，56 页。

[6] 见彼得·罗森（Peter Rosen），制作于 1998 年的美秀美术馆纪录片（*The Museum on the Mountain*）。

[7] 现代建筑大师路德维希·密斯·凡德罗注重细部设计，有一名言"上帝在细部"，贝聿铭的细部设计秉承了此精神。

[8] "香格里拉"（Shangri—La）一词出现在 1933 年英国小说家詹姆斯·希尔顿（James Hilton, 1900—1954）的小说《消失的地平线》（*Lost Horizon*）中，书中描述了一个被群山围绕的小村庄，其居民长生不老，过着快乐的生活。这个地名后被西方人作为世外桃源或乌托邦的同义词。

[9] 美秀美术馆的地址是滋贺县甲贺市信乐町桃谷 300 号。

第八讲

都市剧场
德国历史博物馆

话说 1987 年，联邦德国（西德）政府为庆祝柏林建城 750 周年，计划兴建历史博物馆，联邦政府与柏林州政府协议，选定西柏林的施普雷河（Spree River）河畔作为馆址。当年八月举办国际竞标，1988 年 6 月竞标揭晓，意大利知名的建筑师阿尔多·罗西拔得头魁（Aldo Rossi，1931—1997）[1]，他的方案由高塔、柱廊、圆形大厅与宏伟大殿等组合，典型的欧洲古典建筑。罗西于 1990 年荣获普利兹克建筑奖[2]，在介绍得奖者的专辑中，此案被收录介绍，由此可知罗西对这件止于设计方案的作品甚为重视。

意大利建筑师阿尔多·罗西的历史博物馆方案

　　1989 年 5 月民主德国（东德）开放与匈牙利的边界，使得铁幕出现破口，引发大量东德人民经由匈牙利、奥地利奔赴西德。11 月 9 日柏林墙倒下，两个不同世界的人民在布兰登堡门（Brandenburg Gate）下拥抱欢庆，1990 年 10 月 3 日两德终于统一，结束冷战以来的分裂对抗。统一之后，原东德政府将其辖下的德国历史博物馆（German Historical Museum Berlin，简称 GHM）转移给联邦政府，1991 年联邦政府决定将首都由波恩搬迁回柏林，所有原先的计划为之重新考虑，导致阿尔多·罗西的柏林历史博物馆方案不予执行。德国政府决议维持原有的德国历史博物馆，以延续历史的传统。可是该馆建筑物既有空间不足，难以符合需求，几经折腾，终于决定将旧馆北侧的老房子拆除，将空地作为增建新馆的基地。原定兴建罗西方案的基地，被作为如今的总理府所在地，设计总理府的舒尔特斯·弗兰克建筑师事务所（Schultes Frank Architekten），当年参加德国历史博物馆设计竞标是第三名。

　　作为统一后的柏林历史博物馆，前世的旧馆奠基于 1695 年的 5 月 28 日，最初是军械库，历经四位建筑师，于 1706 年方告完成，馆前的菩提树下大道（Unter den Linden）是柏林的主要干道之一。当年受限于经费短缺，建筑物完成之后闲置了二十四年，直到 1730 年才开放使用。在内庭，由建筑师兼雕塑家安德烈亚斯·施吕特（Andreas Schluter，1664—1714）设置了二十二组雕像，表现垂死的战士们，作品是对战争的谴责。从建筑物的名称，就反映早年普鲁士王国的雄心，意图借由收藏品展现君权的丰功战绩，纵然经历政局变迁的洗礼，其功能始终如一。1933 年纳粹党掌权之后，利用典藏举办过许多次特展，使其成为军事博物馆。二战后博物馆被解散，空间被充当商展会场，至 1952 年东德政府利用既存的馆舍，成立了德国历史博物馆。

　　凭借卢浮宫扩建项目轰动的盛名，再加上贝聿铭拥有设计杰出博物馆的辉煌成就，因此一开始德国政府就属意由贝聿铭负责柏林历史博物

作为德国历史博物馆前身的军械库

德国历史博物馆立面的雕塑

十九世纪末的军械库（德国历史博物馆提供，©GHM）

德国历史博物馆东立面

馆的整修与增建。1995 年 5 月通过征询其意愿，贝聿铭以他一贯的外交辞令表示有兴趣，不过表示自己年岁已大，不太可能在大西洋两岸之间奔波，意有所保留。事实是涉及预算、基地与委托方式等重大事项尚不明朗，所以贝聿铭不愿轻易表态。

首要关键需要解决预算，因为贝聿铭所设计的建筑物莫不是高价的作品。1996 年 6 月德国国会通过特别预算，由文献数据显示预算达 9700万马克。在贝聿铭一生的博物馆作品之中，德国历史博物馆的扩建案规模最小，总建筑面积只有 4700 平方米，若按完工后德国新闻的报导，实际经费是 5400 万欧元，折合美元达 6400 万，换算单位面积的造价，则每平方米是 13617 美元，堪称是天价。

基地永远是贝聿铭所关切的课题，纵然业主已有定见，身为主导的建筑师，贝聿铭常会提供参考的意见，如美秀美术馆初始选址在山谷，贝聿铭建议改至山巅；北京香山饭店原先位于城中心，受贝聿铭意见的影响最终落脚在市郊。德国历史博物馆基地离世界文化遗产的博物馆岛不过一河之隔，由德国最知名建筑师卡尔·弗里德里希·申克尔（Karl F. Schinkel，1781—1841）[3] 所设计的柏林旧博物馆（Altes Museum），就在桥头的另一端，这幢 1830 年落成的新古典主义建筑，是普鲁士风格的先驱，在德国建筑中居重要地位。基地南侧的新岗哨（Neue Wache）亦出自申克尔之手，当然也是新古典主义风格，比起柏林旧博物馆，其尺度规模虽然小了许多，但是新岗哨演进的历史具有特殊意义。从初始的军队岗哨，至 1931 年政府将其改为纪念馆，作为纪念第一次世界大战为国牺牲的战士；民主德国时期，成为法西斯主义与军国主义受难纪念馆；两德统一后，1993 年改为德意志联邦共和国战争与暴政蒙难者纪念馆。再往南是洪堡大学（Humboldt University），成立于 1810 年，是柏林颇具历史的大学，曾培育出二十九位诺贝尔奖得主。基地周边皆是柏林的文化和建筑地标，环境的氛围甚佳，唯一的缺憾是从都市交通的主干道到基地的可达性较差，难以从大街直接看到基地，这点就考验建筑师如何发挥才华予以弥补。

另一关键是德国政府采取何种方式委任建筑师。按欧盟的规定，凡是公共建筑物皆实行公开竞标方式，胜出的建筑师方案才能获得设计的机会。但以贝聿铭的声誉与行事作风，他早已多年不参加任何设计竞标。所幸法国卢浮宫的扩建案已有先例可循，当年法国总统弗朗索瓦·密特朗（François Mitterrand，1916—1996）就免除繁琐的公开竞标程序，直接委托贝聿铭。从 1995 年 5 月起，半年期间，贝聿铭多次视察历史博物馆基地，到秋季贝聿铭与总理赫尔穆特·科尔（Helmut Josef Michael Kohl，1930—2017）首度会面，科尔于 1995 年 10 月 19 日毫不犹豫地宣布将历史博物馆扩建案直接委任于贝聿铭。这是法国总统密特朗于 1983 年任命贝聿铭设计卢浮宫扩建案的翻版。1997 年 1 月 27 日德国历史博物馆扩建方案首度公开，众多的设计图与五个模型，加上访问贝聿铭的影片，在历史博物馆的大厅展示，"贝聿铭在柏林"的展览宣传在柏林公共场所随处可见，显然柏林人深以能拥有贝聿铭的作品为荣。

旧馆面积约 8000 平方米，作为永久展示之用，二战期间馆舍因轰炸而严重损毁，于 1994 年至 1998 年曾按历史文献恢复建筑立面旧貌，被视为柏林最佳的巴洛克风格建筑物。增建的新馆基地位于旧馆的西侧，隔着一条窄巷，原本是军械库的仓库与工坊，建于 1959 年，这排旧房舍被全部拆除，空地作为新馆基地。

增建工程于 1998 年 8 月 27 日开始动工，2002 年 4 月封顶，2003 年 5 月 25 日柏林德国历史博物馆新馆启用。配合开馆，"贝聿铭博物馆"特展同时揭幕，此一展览当然不乏贝聿铭的名作，如华盛顿国家美术馆东馆、巴黎卢浮宫金字塔与坐落在日本滋贺山区的美秀美术馆等，还包括尚在施工中的卢森堡现代艺术博物馆以及设计进行中的雅典国家当代艺术博物馆。从展出的作品中，不难看出当时 87 岁高龄的贝聿铭，依然

德国最知名建筑师申克尔设计的柏林旧博物馆

申克尔设计的新岗哨（取材自 Wikimedia Commons，©Jörg Zägel）

1318 年的申克尔与新岗哨（取材自 Wikimedia Commons，©Jörg Zägel）

历史博物馆模型（德国历史博物馆提供，©GHM）

历史博物馆透视图（取材自展览宣传册）

贝聿铭向总理赫尔穆特·科尔解说设计方案（德国历史博物馆提供，©GHM）

在历史博物馆展览的贝聿铭方案

在柏林随处可见"贝聿铭在柏林"的展览宣传

雄心壮志的驰骋在世界各地，努力不懈地创作着。

增建的建筑物，由等边三角形、圆弧与 L 形组合而成，是典型的贝聿铭几何风格。这样的组合令人联想到贝聿铭建筑生涯中唯一的音乐厅——达拉斯莫顿·梅尔森交响乐中心。梅尔森交响乐中心的表演厅是长方形，外围的公共空间呈弧形，行政空间是长方形，不过梅尔森交响乐中心基地够大，所以行政空间独立偏置北侧一隅，未与音乐厅主体结合。德国历史博物馆的基地局促，行政空间嵌在另一栋楼中，与展览空间仅以廊桥相连。等边三角形是展览空间，部分的外墙呈圆弧形，以呼应围塑的公共空间，公共空间以门厅与大厅为主，L 形部分则是行政与服务等功能性空间，这三组几何空间巧妙地结合成一体。

增建的部分由地下一层至三楼的展览空间，总面积约 2000 平方米，基地全面开挖作为地下层展览空间，由于结构的需求，导致空间中存在着八支柱子，柱子彼此不是规则地排列，与规则的等边三角形天花板有错位的关系，这种现象在贝聿铭的作品中甚为罕见，在此结构系统出现了颇为令人诧异的例外现象，不明白原因何在。从一、二楼展览空间内柱位彼此之间的关系，可以证实贝聿铭恪遵现代建筑的理性原则。到三楼展览空间，柱子被排除，代之以三角四面的框架结构系统，这是路

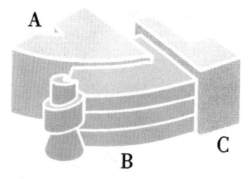

德国历史博物馆扩建新馆的几何组合

易斯·康 [4] 设计的耶鲁大学美术馆结构系统的再现，相同的手法贝聿铭于其 1978 年完成的华盛顿国家美术馆东馆曾运用过。在东馆，玻璃与钢构形成的屋顶，使得中庭沐浴着灿烂的阳光，形成变幻多端的光影秀。在德国历史博物馆的顶层，展览空间密实的混凝土天花板装上了传统的点状灯具，不似耶鲁大学美术馆将灯具隐藏在框架之内，以致在柏林历史博物馆增建的空间中形成了许多的光害。如果忧虑展品会被阳光照射遭到破坏，贝聿铭大可采用在波士顿美术博物馆西翼、卢浮宫玻璃金字塔、美秀博物馆等作品中所设计的天窗，将自然光间接引入室内。在柏林历史博物馆中见到不同的照明系统，实在令人费解原因何在，怀疑是否有不能被日光照射的展品存在其中。

为了打破等边三角形过长的单调立面，避免过于呆板，在三楼北侧刻意凹入一个空间作为露台，因此三楼展览空间被减损，虽然位于同层东南角隅的小三角形展览空间可以作为弥补，但是露台造成三楼整层观赏动线的断裂，实非睿智的抉择，而且东南角隅的小三角展览空间未被充分利用，经常闭锁着。基于安全考虑，通往露台的门经常闭锁，观众并不能进入户外露台。为了避免参观者产生博物馆疲劳症，贝聿铭早期的美术馆都设计了可以外望的玻璃窗，而非露台。在二、三楼东北角隅处，贝聿铭安排了一个回转的圆楼梯，在梯阶前有一个突出的三角小窗，由这里观众得以望向博物馆岛，这个等边小三角窗的边长是北侧墙面柱距的一半，这个手法正是贝聿铭理性几何形的充分展现，此处也是馆内空间与户外空间交流的至佳驻足点。

锚定在弧形单元前端的户外圆筒楼梯，是增建案中最引人注目的元素。作为动线之一的楼梯，在贝聿铭的诸多作品中总有精彩的演出，卢浮宫玻璃金字塔内的钢材旋转楼梯，纽约艾弗森美术馆的清水混凝土旋转楼梯等，均是出众的楼梯设计。为了弥补距离主干道过远的遗憾，加上位于主馆后侧，增建的量体不够显眼等缺憾，贝聿铭以透明、巨大的

地下层平面图，空间中存在着不规则排列的八
支柱子（德国历史博物馆提供，©GHM）

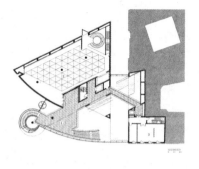

一楼平面图（德国历史博物馆提供，©GHM）

二楼平面图（德国历史博物馆提供，©GHM）

三楼天花板的三角四面框架结构系统

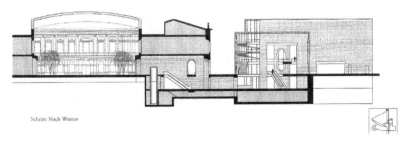

剖面图（德国历史博物馆提供，©GHM）

玻璃楼梯作为塑造"都市剧场"（Urban Theater）[5] 的媒介，既彰显了增建的新馆的存在感，也让观众在上下楼之际，得以眺望新岗哨与菩提树下大道，同时在街头的人们会看到在玻璃楼梯中的参观者。这般看与被看的互动关系，就是贝聿铭心目中的"都市剧场"效果。贝聿铭表示新馆位于申克尔的两栋建筑之间，他希望以鲜明的形象，吸引人们从菩提树下大道经过新岗哨，过河至柏林旧博物馆[6]。这是从都市大环境切入设计，贝聿铭高明于许多建筑师的理念的又一次展现。

德国历史博物馆新馆前端的户外圆筒楼梯　　　　自玻璃楼梯眺望西侧的新岗哨

　　为了强化"都市剧场"效果，紧接着圆筒玻璃楼梯的南侧立面，则是一大片帷幕玻璃墙，观众可以从大厅看到军械库的北立面——巴洛克风格的石墙。为了呈现这个"都市剧场"，玻璃的透明度被特别要求，意图形成内外贯通相互联系的流畅空间，这是贝聿铭化缺点为特色的高明设计手法。卢浮宫的玻璃金字塔也曾经有过相同的经验，为了降低玻璃金字塔对环境的冲击，当时贝聿铭要求采用德国生产制造的透明玻璃，对于要面子的法国人来说，这岂是能接受的要求。为了达到贝聿铭要求的严格标准，法国人还特别精心研发了本国制的透明玻璃。在德国历史博物馆，作为增建新馆最重要立面的透明玻璃来自芬兰，德国人很实在，不以为忤。

增建新馆最精彩之处就是被玻璃包覆的大厅，立面与屋顶都是透明的，随着时间的推移呈现出变换的光影，实践了贝聿铭的名言"让光线做设计"，令空间洋溢着生命力。高达四层楼的大玻璃面，使得公共空间充满阳光，同时观众可以透过玻璃立面，欣赏旧馆舍精彩的巴洛克风格立面。"我认为新馆在白天或夜晚都应该明亮"，贝聿铭在阐释设计概念时曾如是说，他于 1995 年冬天从对街的音乐厅看完表演出来之时，深深感慨于基地过于昏暗缺乏生气，"我希望以透明的空间邀请人们入内"。透明、动态与光线是贝聿铭在德国历史博物馆增建所塑造的最大亮点。

透过南侧立面大片帷幕玻璃墙，可以看到军械库的巴洛克风格石墙

大厅的另一个特色是楼梯多，从地下层到地面层是电动扶梯，从地面层到二楼有楼梯，二、三楼则利用圆筒玻璃楼梯连接。这使得每个楼层的动线在上上下下间有迥然不同的空

"让光线做设计"的大厅

间形式，这也是贝聿铭在设计时刻意营造的不同空间体验，"我希望创造的空间充满好奇与愉悦（curiosity and pleasure）"。电扶梯的侧墙有一个大圆，手法在卢浮宫曾应用过，只是德国历史博物馆的大圆被二楼的楼板切割成两个半圆，卢浮宫是完整的圆，从卢浮宫的大圆能够看见多个楼层，空间通透，相较之下此处由于空间所限显得气势较弱。电扶梯精致的楼梯扶手以整块石材雕琢，传承了贝聿铭自华盛顿国家美术馆东馆以来扶手的一贯性细部设计，充分展现合乎人体工学的美感，贯彻贝聿铭对于细部的高标准要求。

廊桥是贝聿铭空间中的特色之一，在德国历史博物馆的大厅中当然也少不了。在地面层，L形的服务区有一间可容纳57人的小演讲厅，演讲厅上方是工坊，这两个偏于东侧的空间，借由廊桥连接至大厅。廊桥的宽度与长度纵然比不上华盛顿国家美术馆东馆，但是尺度合宜。贝聿铭将他善用的元素都呈现了，唯独受制于基地面积太小，难以淋漓尽致

电扶梯侧墙面的大圆

仰视大厅一隅的天窗　　以整块石材精致雕琢的电扶梯扶手

地大手笔发挥。德国记者勃姆在其著作《与贝聿铭对话》一书中，特别指出桥在贝聿铭诸多作品中不仅具备功能，还具有象征意义，德国历史博物馆的天桥连接了两德的历史发展，连接了博物馆岛的旧建筑群，是新时代的象征 [7]。

在卢浮宫与华盛顿国家美术馆东馆，连接空间的地下通道，或设有特殊展览空间，或有瀑布与天光，颇符合贝聿铭所要营造的"好奇与愉悦"效果。避免天桥阻挡望向博物馆岛的都市景观，新旧馆之间只能以地下通道连接。德国历史博物馆的地下道具有十足的德国性格，电扶梯利落简单，纯粹是一个过渡空间。

从增建的德国历史博物馆走出地下通道，面对的是旧馆的中庭，中庭被玻璃屋顶覆盖，很自然地会令人联想到卢浮宫黎塞留馆的情景。不过这儿有两点不同：一是玻璃不是透明的，二是在穹顶下四个侧面的玻璃不是封闭的，有通风的开口。由于贝聿铭偏好采用大片帷幕玻璃，在阳光照射之下，固然有魅力十足的光影效果，但是到了下午或人数过多之时，往往造成温室效应，若不借助高效的空调系统，室温令人难以适应，如卢浮宫玻璃金字塔，莫顿·梅尔森交响乐中心等，都有温室效应的问题。卢浮宫每年吸引八百万观众，玻璃金字塔的闷热是始终挥之不去的困扰。

东侧的空间借由廊桥连接至大厅

廊桥是贝聿铭空间中的特色之一

德国历史博物馆旧馆中不为人知的两点差异，解决了贝聿铭过去作品中存在的缺点，这两项不同于过去的设计，都是为了避免室内温度随着时间而升高，采用被动式太阳能手法调节室温，减少空调的负担，这是德国建筑在节约能源方面切实的举措。

被玻璃覆盖的旧馆中庭　　　　旧馆整修前的中庭

　　明亮的光线是贝聿铭作品的主调，他秉持相同的理念，初始以透明的玻璃罩覆盖旧馆的中庭，恢复中庭 1945 年前的风貌。按贝聿铭的构想，中庭会有树木，树下会有座椅，这里将是人们聚集休憩的场所，正如同卢浮宫黎塞留馆的雕塑院、华盛顿国家美术馆东馆等怡人的空间，这也是增建新馆"都市剧场"设计观念的延伸。但是馆方不赞同，所以如今中庭空荡荡的，甚至铺上了一道刺眼的红色地毯，刻意地引导观众直接进入东侧的馆舍。刺眼的色彩实在是对古典建筑的讽刺与破坏，也不符合贝聿铭一贯的中性色彩计划。

　　对贝聿铭而言，德国历史博物馆的设计案，具有多重的意义。这是他在德国的第一件作品，是他于 1990 年退而不休之后的力作。除此之外，还有另一个深层的意义，在哈佛大学建筑研究所时，他的老师沃尔特·格罗皮乌斯（Walter Adolph Georg Gropius，1883—1969）与马塞尔·布罗伊尔（Marcel Breuer，1902—1981）都来自德国，皆是现代建筑的先驱。在近 60 年之后，贝聿铭来到两位恩师的祖国，以师承的德国现代建筑，为柏林、德国完成一件经典的历史性作品。从美国的华盛顿、法国的巴黎，到德国的柏林，贝聿铭三度为国家首都添加了文化与建筑地标。

德国历史博物馆夜景

作为柏林文化地标的德国历史博物馆

注解

[1] 阿尔多·罗西，1959 年获得米兰理工大学硕士学位，毕业后开始担任建筑杂志编辑，五年的工作经历，使他成了一位眼光敏锐的建筑评论家。1963 年起在大学建筑系任教，1971 年参加建筑竞标获胜，开始从事建筑设计工作。尔后至瑞士苏黎世联邦理工学院任教，1979 年以后曾在美国康奈尔大学、库伯联盟学院（Cooper Union）任教。在美国期间，他参加了纽约现代艺术博物馆的活动，曾于 1983 年与 1984 年两度担任威尼斯建筑展策划人，活跃于国际建筑界。1987 年他赢得了德国历史博物馆与巴黎维莱特公园（Parc de la Villette）两个设计竞标，但是两个设计方案都没有被付诸实践。罗西于 1966 年创作的《城市建筑学》（*The Architecture of the City*），对现代建筑运动进行了重新评价，对 1990 年两德统一后的柏林建设具有深远的影响。

[2] 普利兹克建筑奖是由凯悦基金会（The Hyatt Foundation）于 1979 年创立的，每年评选一位在世的杰出建筑师，颁发奖金十万美元与奖章。每年三月宣布得主，颁奖典礼场地都选在经典建筑中，如 1996 年尚未开幕的古根海姆博物馆、1989 年日本奈良东大寺等。早期得主多半是明星建筑师，2010 年以来，其得主往往不再是蜚声国际的大牌建筑师。中国台北市建筑师公会于 2005 年 9 月 17 日至 12 月 4 日，在台北市立美术馆举办了"普利兹克建筑奖作品展"。

[3] 卡尔·弗里德里希·申克尔，早年以画家的身份在剧场工作，1810 年改行，至普鲁士工务局上班，1815 年升任首席建筑师，1831 年担任局长，对于塑造柏林的建筑风格影响深远。其作品结合古典风格与浪漫精神，以新古典主义风格著称。

[4] 路易斯·康，爱沙尼亚犹太裔，五岁移民美国，居于费城，1924 年宾夕法尼亚大学建筑系毕业，1935 年开始独立执业。1953 年完成的耶鲁大学美术馆为他建立了地位与声誉，其作品虽不多，但都很杰出，是获得美国建筑师协会 25 年奖最多的建筑师，达五次之多。其作品具有纪念性与整体性，在现代主义风格中独树一帜。1974 年 3 月 17 日从巴基斯坦洽谈业务回国后，猝逝在纽约宾夕法尼亚车站。有"建筑哲学家"的美誉。

[5] Ulrke Kretzschmar, *I. M. Pei : The Exhibitions Building of the German Historical Museum, Berlin*, Prestel, Munich, 2003, p. 29.

[6] Gero von Boehm, *Conversations with I. M. Pei*, Prestel, Munich, 2000, pp.91—92.

[7] Gero von Boehm, *Conversations with I. M. Pei*, Prestel, Munich, 2000, p. 94.

第
九
讲

姑苏新韵
苏州博物馆

2006 年 10 月 6 日中秋节苏州博物馆落成揭幕，贝聿铭晚年在其故乡完成这一作品，自然备受关注。贝聿铭一生总共设计了 16 座博物馆，苏州博物馆与其他的贝聿铭标志性博物馆其实有相互参照、彼此传承的关系，尤其与日本滋贺美秀美术馆相较之下，两者宛若姐妹馆。

苏州博物馆坐落在齐门路与东北街交口，从大路转至小巷，一路是高高的粉墙，走至博物馆的大门前，空间才有了变化，原本局促的都市空间，因为运河边的小广场而舒展开来，可惜这个小广场只是大门的前景，广场中缺少可供人们休憩的设施，少了一个让人们悠然歇坐，从河畔北望欣赏博物馆的机会，也使得这个都市空间缺乏逗留的意义。

与贝聿铭所设计的诸多博物馆相比，苏州博物馆在都市空间的层面有极大的差异性：艾弗森美术馆有开阔的广场，由英国雕塑大师亨利·摩尔的作品妆点；得梅因艺术中心位于公园，盎然的绿意成为建筑物至佳的衬景；华盛顿国家美术馆东馆前的喷泉与三角玻璃采光罩，呼应了建筑物的几何造型，本身就是浑然融合于环境的艺术品；波士顿美术博物馆西翼的几何用地规划，加上一度安置于车道上的艺术家乔纳森·博罗夫斯基（Jonathan Borofsky，1942—）的《行走的人》雕塑，令人在入

苏州的都市景观　　　　　苏州博物馆大门前，运河边的小广场。

钢构与玻璃构成的博物馆大门

馆前就产生了深刻的第一印象；最脍炙人口的卢浮宫玻璃金字塔，更是创造了巴黎的新地标。相比之下，苏州博物馆的窘况，实在是由于受限于基地环境的条件，博物馆的选址造成了当下的局限。

按文献资料，苏州市政府于 1999 年选择了六个地点作为基地的候选，至 2002 年 4 月才确定以世界文化遗产拙政园以南，忠王府以西的一片土地作为新馆馆址。这块土地上的一

作为苏州博物馆基地，忠王府西侧建筑拆除中

座 20 世纪 70 年代兴建的医院与许多老旧住宅，都被悉数拆除，以腾出空地作为建馆基地。唯苏州园林局一位退休的高级园景师黄玮提出异议，认为老旧住宅中可能有忠王府西侧的古建筑在内，不应该贸然地为布新而除旧。原苏州博物馆位于忠王府内，苏州市政府认为新馆在旧馆的基础上向西扩展，其实是最佳的方案。但忠王府是国家重点文物保护对象，加上拙政园是世界文化遗产，根据相关规定，在世界文化遗产周边要划定保护区，保护区内不得任意兴建，而新馆基地正毗邻拙政园，这使得选址问题更为复杂。

建设部城建司园林处为此争议曾派人员自北京南下调查，虽然基地内有两处古建筑，是属于市级"控制保护建筑"的张氏义庄与亲仁堂，由于苏州市政府将之移至他处保存，所以要求新馆换址是不可能的了。2004 年 7 月 5 日第 28 届世界遗产会议在苏州召开，会议通过了新馆的兴建，有了国际性组织的背书，所有异议销声匿迹，基地的议题尘埃落定。这项背书其实是事后的追认，新馆早于 2003 年 11 月 5 日就已经动工奠基了。关于选址的争议，东南大学建筑学院建筑历史与理论及遗产保护学科教授陈薇在《世界建筑杂志》有专文予以论证澄清[1]。

苏州市政府与贝聿铭的接触，可以追溯到 1996 年 4 月，市政府聘请贝聿铭担任城市规划顾问。迨至考虑苏州博物馆的建设，市政府就拟邀请有乡亲之谊的贝聿铭为建筑师，早在 2000 年 9 月贝聿铭的三子贝礼中曾亲自到苏州了解环境。2002 年 4 月底贝聿铭携全家至苏州，除了女儿

未到，贝夫人与三个儿子都参加了 4 月 30 日的签约仪式，由此可知此项目对贝聿铭家族的意义，此行宛若"寻根"之旅。这当然不是贝聿铭三个儿子初次返回家乡。1996 年苏州市政府曾委托贝聿铭长子贝定中从事平江区的规划研究，贝定中邀请旧金山景观建筑事务所易道公司（EDAW）合作，提出了保存与开发兼具的纲要计划。建议在耦园西侧与南侧兴建观光酒店、文化、娱乐、会议的综合设施。从土地使用、开发管制分区、公共空间网络等大尺度工程，到小项目的河道整治、桥梁系统及个别历史地标的保存，堪称巨细无遗。报告书末页由贝聿铭简短题词，他认为所有的规划案，关键在于政府的愿景与执行力，如何在现代化的进程中致力于保存古迹其实是一项极大的挑战 [2]。这份报告对于日后从事苏州博物馆的设计是否有影响或帮助尚有存疑，不过，一个词语"挑战"（challenge）常常出现。

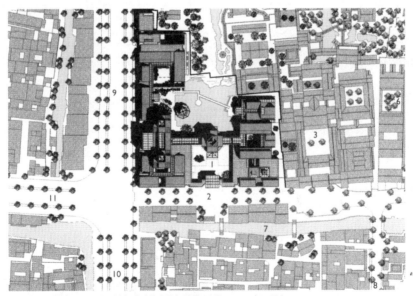

苏州博物馆基地配置图（取材自《时代建筑》总第 95 期，2007 年 3 月）

"为苏州设计这座博物馆，比我在其他国家设计建筑难得多，这是最大的挑战，也可能是我最后一次挑战。"[3]，"苏州博物馆的设计对我是一种挑战，如何在苏州这座古城中设计出既能与周围环境协调，又能展示中国传统文化的现代化博物馆，实在不是一件容易的事，但我接受这个挑战。"[4]，"我接受这次挑战，这是我最后的挑战，也是我最难的挑战。"[5]。这都是贝聿铭对苏州博物馆设计任务的反应。相较于第一次回国设计香山饭店的痛苦经验，这回贝聿铭很审慎，在签约当日特地邀请了一批大师，包括清华大学建筑系教授吴良镛、东南大学建筑系教授齐康与陈薇、国家文物局古建筑专家组组长罗哲文、北京建筑设计院总建筑师张开济与原建设部副部长周干峙等，听取了各方的意见。2002 年 4 月 30 日贝聿铭与这些建筑界大师展开座谈，曾是梁思成助理的罗哲文就建议要"中而新、苏而新"，吴良镛形容苏州博物馆将是贝先生"最喜欢的小女儿"[6]。最终贝聿铭以"中而新、苏而新""不高不大不突出"作为设计准则。

设计香山饭店时，贝聿铭曾表示要走第三条路，一不模仿传统建筑，二不承袭西方建筑，另创新途。"我想，香山饭店这条路子的方向是对的，但不一定是大路，因为大路也有分岔路。"[7]对于香山饭店的评价毁誉参半，原因之一在于将南方传统建筑的语汇在北京加以运用，反映了错误的地方风格。苏州博物馆的设计拥抱地方语汇，同时结合了创新的手法，堪称是现代简约与传统古典的融合，因此负面的批评相较少了。在奠基前，于 2003 年 8 月 6 日起，在忠王府特地举办了设计方案展览，经过七天的公开征询，获得了参与投票民众中达 93% 的赞同率，这下更是有了坚实的民意基础[8]。

从横巷穿越大门进入博物馆，博物馆的大门采用钢构与玻璃，形式衍生自传统的两坡落水屋顶，这是贝聿铭实践"中而新"的手法之一。设计美秀美术馆时，贝聿铭特别强调不会将异国建筑形式移植至日本，

北京香山饭店

尝试从日本传统茅草农舍撷取精髓，赋予新形式，因而诞生了结合玻璃与钢构的现代屋顶。苏州博物馆的大门屋顶沿袭自美秀美术馆，唯独在细部增添了仿传统屋宇的滴水装饰，可谓是"新而中"的体现。美秀美术馆的空间架构，钢材由结点接合，苏州博物馆的钢构由焊接接合，或许后者的结构跨距较小，没有必要以空间架构作为结构系统。显然在苏州博物馆焊接工程中，看得出建造施工方面的用心，但是比起美秀美术馆的结构系统，依然缺乏了工艺与力学的美感。

空间架构的美秀美术馆结构系统

焊接接合的苏州博物馆钢构造

　　进入苏州博物馆的大堂，上方层层缩退的天花仰顶形成屋塔，这是值得探讨的设计课题之一。从造型上看，贝聿铭将屋塔作为墙的延伸，堆叠的几何形构成了耸立的屋塔。这般设计并非首创，2006年7月落成的卢森堡现代艺术博物馆中就有相似理念的雕塑感屋塔，两者的差异是卢森堡现代艺术博物馆以玻璃为顶，显得更为轻盈，高度比例也较纤细。希腊船王之一的古兰德里斯（Basil Goulandris，1913—1994）于1993年曾计划耗资3000万美元，为收藏的艺术品建造一座博物馆，他委托贝聿铭设计，但是后来因为基地中发现文物，被迫停工易址。这个止于设计方案的博物馆就采用堆叠几何形组成的屋塔，从曾经发表的模型与透视图中可以看出与苏州博物馆的屋塔极为相似。甚至卡塔尔多哈的伊斯兰艺术博物馆（Museum of Islamic Art，2000—2008）与中国驻美国大使馆（Embassy of the People's Republic of China in the United States of America，Chancery Building，2000—2008）中，也有相同手法的屋塔出现。这些项目的设计时间重叠，所以出现相似的屋塔不足为奇。多哈伊斯兰艺术博物馆屋塔的立方体垂直垒高，没有三角形的斜面，造型相对简洁壮观。苏州博物馆的屋塔呈现稳重感，但是最上端的方盒子，若从正面观察，有如一片薄墙，有失整体厚重之体量感，尤其此片墙面的窗洞开口过小，让这个原本极富表情的立面有了小小的瑕疵。遗憾的是，墙面上的开口曾经在北京香山饭店的屋脊与立面上运用过，有很好的成效，在苏州博物馆却失了准头。

　　屋塔之内是玻璃采光罩，呈金字塔形，玻璃天顶之下有纤细的圆管，使得入射的光线或漫射或折射开来，不至于产生眩光，也使室内空间的自然光格外柔和。从1978年设计华盛顿国家美术馆东馆开始，贝聿铭屡次运用这个相同的采光手法，已成为他作品中标志性的建筑语汇之一。身处大堂，仰视天顶，室内空间是屋顶形式的投射，其线条与堆叠所形成的繁杂造型是贝聿铭作品中少有的现象。"以简驭繁"是贝聿铭之所

轻盈纤细的卢森堡现代艺术博物馆的玻璃屋塔　　苏州博物馆的屋塔

雅典古兰德里斯现代艺术博物馆（取材自博物馆网站）

苏州博物馆屋塔最上端如同一片薄墙，墙面上的窗洞开口过小

以成功并奠定其大师地位的法宝之一。若以苏州博物馆大堂的天顶与西侧的吴门书画展览室的天顶相比，后者利落许多。若与美秀美术馆的大堂比较，后者呈水平向度，与两翼的长廊连接，空间的连续性与尺度感颇佳。苏州博物馆的大堂设计采用垂直向度，东侧茶室内冰裂纹的漏窗被柜台遮挡，西侧端景的莲花池被楼梯分隔，即使站在西侧二楼的平台，都难以望见大堂，纵然西廊高度不算低，却高低参差，使得作为服务空间的走廊与大堂、茶室间缺乏了较亲密的空间串接，视觉上没有连续性。

悬吊在大堂的四组灯具是为苏州博物馆特别量身设计的，与两侧柜台上倒置的金字塔灯相互辉映。用心地关注细部是贝聿铭作品的特色之一，灯具往往具有画龙点睛之美。苏州博物馆有多种不同造型的灯具，主入口与庭园处的立灯，与美秀美术馆入口台阶处的座灯看似一模一样，不过两者实质上有极大的差别。美秀美术馆的灯具以石材磨成薄片作为灯

仰视苏州博物馆大堂天顶　　　　　　　　苏州博物馆西侧的文物展览室的天顶

自二楼俯视连接大堂与西侧馆舍的走廊

罩，有极为精致的质感与柔和的亮度，苏州博物馆的灯具采用玻璃为灯罩，想必是经费所限。大堂所悬吊的四组灯具，每组由四个四边形的灯组合而成，四边形的造型与大堂地面图案相呼应，然而大堂中三角形是主流，苏州博物馆大堂的吊灯就显得与空间不尽然匹配。苏州博物馆大堂的吊灯与英国威尔特郡的奥尔亭（Oare Pavilion, Wiltshire, 1999—2003）的吊灯相似。北京中国银行总部的入口大堂也有吊灯，吊灯呈圆形并与挑空的楼板呼应，大堂墙面有大圆开口，甚至在墙面上的灯具也是圆形元素，所有的灯具相互不显得突兀。在贝聿铭职业生涯的晚期，吊灯成为空间中的主角，多哈伊斯兰艺术博物馆（2000—2008）、美秀教堂（2008—2012）中皆可见到精致的吊灯。贝聿铭在达拉斯莫顿·梅尔森交响乐中心（1981—1989）曾增设 11 个立灯，多花费了 25 万美元，足以证明贝聿铭的设计绝对高贵高价。

苏州博物馆大堂的吊灯是特别量身设计的

苏州博物馆大堂柜台两侧的倒置金字塔灯　苏州博物馆位于庭院中的立灯

　　大堂的黑石地面由几何形组合，这个地面的图案实际是巴黎卢浮宫拿破仑广场水池图案的缩形与变异，差别在于苏州博物馆的图案中央添加了一个大圆。站在圆心，俯仰之间，可以充分体会到几何形在空间上下舞动的效果。黑色镜面的大堂地面始终保持闪亮光洁，可以看出馆方在维护上的用心，但是地面太过明亮，产生了意料之外的尴尬效果，让穿裙的女性举步维艰。香港中银大厦北面大门旁有一个残障人士专用坡道，原本采用镜面石材构建，每逢雨天，坡道就变得湿滑，造成使用者的摔伤，这种意外伤害经常发生，因此后来坡道就改为了磨砂面。苏州博物馆大堂地面，除了可能对女性造成不便，也隐藏着地板湿滑的安全隐患。

　　大堂的门是一扇有大圆图案的玻璃门，相同造型的门也曾出现在美秀美术馆中。玻璃门有框景的功效，美秀美术馆内，穿过透明的圆门可见到馆外的吊桥美景，站在美术馆前，穿过透明的圆门向内望可见苍松映衬着远方的青山，宛若屏风般铺陈开来。相比之下，苏州博物馆中，

几何形组合的大堂黑石地面

巴黎卢浮宫拿破仑广场水池

从透明圆门向内望，可见到主庭园北侧的假山，向外望则没有任何端景。框景是中国庭园中重要的设计手法之一，苏州博物馆作为动线的走廊上设置了多个开口，其目的之一就是框景，然而行走在西廊或西侧展览室的长廊，从开口向外望却缺乏较可观的框景，甚至西侧长廊外密植的竹林也成了遮挡景致的屏障。此外，在苏州博物馆，廊道空间纯粹是动线，少了贝聿铭空间所蕴含的设计浓度。苏州博物馆的廊道不似美秀美术馆或卢浮宫的廊道具有展览的功能，也没有华盛顿国家美术馆东馆地下通廊的瀑布水流的惊艳趣味性。与贝聿铭其他博物馆的廊道相较，苏州博物馆的长廊尺度较狭窄，在美秀美术馆或波士顿美术博物馆西翼，长廊的一侧有挑高两层的空间，廊道空间的尺寸较宽敞，气势较恢宏；所幸这里仍有丰富的光影变化，让苏州博物馆的长廊得以不沉闷。

苏州博物馆大堂的大圆玻璃门

苏州博物馆西侧展览室的长廊光影交舞

波士顿美术博物馆西翼位于二楼的挑空长廊

美秀美术馆的挑空长廊

　　楼梯是贝聿铭动线中极重要的元素之一，早年贝聿铭效法现代建筑大师勒·柯布西耶，采用螺旋形楼梯，多半以混凝土浇灌而成，其无支柱的结构体，使得楼梯成为空间中的雕塑品，其中艾弗森美术馆雕塑庭的混凝土楼梯最为经典；尔后卢浮宫玻璃金字塔中的不锈钢螺旋梯，更是极致的美感表现。苏州博物馆西翼莲花池处的钢构楼梯上，每个梯阶都是预铸的产品，尺寸统一，精准地组构成楼梯，绝对没有因为在梯阶多贴了面材，造成梯阶高低差异的奇怪现象。早年的美国国家大气研究中心楼梯就如此设计，走在贝聿铭所设计的楼梯上既平稳又安全。苏川博物馆的楼梯在台阶处有极大胆的悬挑，彰显了力的美感，但是在一楼平台处下方，竟然添加了一根立柱，不知是基于心理上的安全感，还是有其他的因素。得走到地下楼层，探身观看水池才会发现这根支柱，从正面是不易发现立柱的存在。这根支柱其实破坏了楼梯的美感与力的表现，因为从结构的观点，可以不需要立柱。继苏州博物馆之后的多哈伊斯兰艺术博物馆中，大堂的环形楼梯直达二楼，其尺度远大于苏州博物馆的钢构楼梯，都没有任何支柱，这再次证明悬空的楼梯，在贝聿铭建筑中所占有的重要地位与美感诉求。

苏州博物馆西翼莲花池处的钢构楼梯

钢构楼梯的支撑

钢构楼梯的台阶

莲花池一隅

东翼的紫藤园中，东北角与西南角各栽植了一株紫藤，看似寻常的庭园，因为紫藤嫁接自忠王府内由文徵明手植的紫藤，因而具有了不凡的意义。这个庭院与位于美国得克萨斯州沃思堡（Fort Worth, Texas）的金贝尔美术馆（Kimbell Art Museum，1967—1972）的北苑有异曲同工的氛围。20世纪建筑大师路易斯·康将北院称为"绿苑"，因为有藤蔓爬上了高高交织的网目，在得州强烈的阳光照射之下，洋溢着一片清凉绿意，形成一个颇有诗意的户外空间。文徵明是苏州吴门画派四才子之一，苏州博物馆紫藤园因文徵明而富有故事性，具历史感。不过一般参观者游览至此，极有可能并不知晓这些轶事，馆方应该考虑设立较明显的说明牌，让这个空间成为另类的展览场所，也不辜负贝聿铭的美意与用心。此外，紫藤园的设计还具有另一层深远的意义，象征了贝聿铭心心念念的传统与创新的嫁接。

苏州博物馆东翼紫藤园

从二楼办公室的外面观看紫藤园的顶架

茶室前的移植紫藤

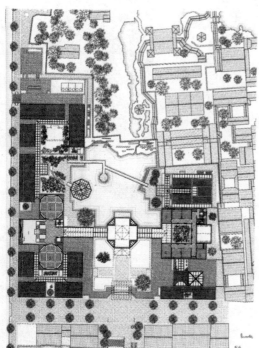

1. 莲花池
2. 吴门书画厅
3. 馆长室
4. 副馆长室
5. 办公室

苏州博物馆二楼平面图（取材自《时代建筑》总第95期，2007年3月）

　　金贝尔美术馆共有三个大小不一的庭院，除北苑外，南侧两个庭院之一直达地下层的行政空间，让馆员们有接触自然的机会。苏州博物馆东翼是现代艺术展厅与行政区，除了位于东翼的紫藤园之外，还有两个庭院，一个在贵宾接待厅之前，另一个在图书馆内，临着道路隔着高墙，两者皆非一般参观者所能到达的，所以其存在较不为人知晓。进入贵宾接待厅的走廊，两侧辟有庭院，空间很小，以落地玻璃墙隔开，这个融合自然、富光影变化的短短走廊，是极雅致的微庭院，提供了极佳的空间体验，这正是馆内主要廊道所没有的氛围。苏州博物馆有部分办公室位于地下层，与金贝尔美术馆相同，在办公区也有一个供员工们使用的庭院，位置就在图书馆中心的地下层，或许当初考虑遮风挡雨时，这个庭院被加装了玻璃罩，造成了地下层办公室空气憋闷，尤其当员工在此处吸烟时，受限于空气不够流通的条件，间接地造成二度污染。

贵宾接待室前的小小庭院 苏州博物馆地下层办公区庭院一隅

　　除了庭院，苏州博物馆与金贝尔美术馆还有另一个相同的重要设计理念——服务核。路易斯·康在金贝尔美术馆中整合了服务与被服务的空间，在个别的展览室之间配置了服务核，核内有机电、消防等设备。苏州博物馆两个展览室之间的过道两旁就是服务核，贝聿铭很巧妙地将相关设备隐匿在适当的地点，使得展览空间纯净简洁，这是许多建筑师常常忽略的一个细部。不过苏州博物馆内也有一个细部的设置颇为离奇，令笔者颇为不解何以至此，在西侧长廊的地面上能瞧见一节又一节的空调风口，真是大煞风景。其实风口是贝聿铭擅长的细部之一，在卢浮宫玻璃金字塔内，风口被设计成墙面上美丽的开口，美秀美术馆通往北馆的长廊侧面上精巧细长的隙缝就是风口，甚至华盛顿国家美术馆东馆的空调风口都很仔细地被设计在不显眼处，苏州博物馆位于西侧长廊的这些不连续的地面空调风口，实在有点像是地面上的一道道"疤痕"。

苏州博物馆西侧展厅外，走廊上不连续的地面空调风口　　美秀美术馆通往北馆走廊地面的空调风口

　　苏州博物馆的展览室，其空间观念与贝聿铭其他博物馆大不相同。通常当代博物馆以流通空间为主，强调空间彼此串通无阻，强调宽敞高大。而苏州博物馆西侧一间又一间的展间，却是彼此分隔的房间（room）。当然这与展示品有关，苏州博物馆的收藏品以尺寸较小的书画、工艺品为主，而且展品是永久展示的，没有与时更替的需求，所以贝聿铭运用了早年硕士论文中上海博物馆的理念设计了展览空间。而东侧有三个展间，以展示现代艺术为主，没有必要分割却分割了，这使得空间缺乏弹性，也不适合现代艺术较大尺寸作品的展览。

　　作为全馆中轴上最关键空间的庭园，贝聿铭的设计甚有新意，他未采用传统的太湖石，刻意"以壁为纸，以石为绘"，用石片排列出"苏而新"的创意山水，实乃苏州博物馆最卓越、最成功的设计之一。这些石片或灰或黄，高低起伏，颇有微型世界的妙趣。出于刻意的对比，不同色泽的石片有不同的质感，黄石片的表面较有肌理质感，灰石片的表面则较为平滑。石片切割时造成切面平整不够自然，在人工敲凿之后，再以喷枪烧烤，令石片剥离，全部 24 个石片就是这般人为加工的成品 [9]。贝聿铭的香港中银大厦西侧庭园中有部分的假山石是由他亲自挑选的，

苏州博物馆的展览室　　　　　　　东侧现代艺术展厅

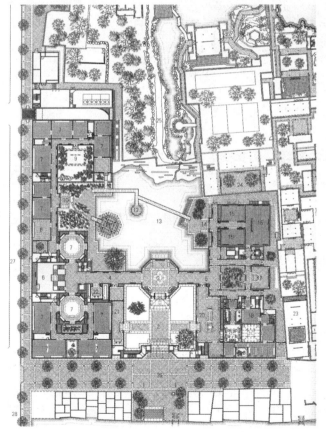

1.主入口
2.主入口庭院
3.大堂
4.西廊
5.东廊
6.莲花池
7.展厅
8.明书斋
9.宋画斋
10.西门
11.茶亭
12.表演平台
13.主庭园
14.东门
15.现代艺术展厅
16.紫藤园
17.茶室
18.图书馆
19.贵宾接待厅
20.商店
21.售票处
22.衣帽间
23.忠王府
24.藏书楼
25.拙政园
26.东北街
27.齐门路
28.临顿路

苏州博物馆一楼平面图（取材自《时代建筑》总第93期，2007年3月）

与东侧水池中的假山石大有差别，东侧的山石是由他人挑选的。贝聿铭选用的石头不仅是石头，它们宛若山水画中的山峦，极富变化，达到"见微知著"的效果，人们可以借由充分的想象观察欣赏，达到一石一世界的境界。苏州博物馆作为山石背景的大片粉墙，是全馆中最"干净"的墙，没有框线的分割，这倒挺符合苏州建筑的传统。

"以壁为纸，以石为绘"源于明朝造园家计成的著作《园冶》[10]，贝聿铭处理石片的创意是从明朝画家米芾的山水画中得到灵感的。贝聿铭祖籍苏州，幼年曾在叔祖贝润生[11]所拥有的狮子林里嬉戏。狮子林是苏州四大名园之一[12]，以园中的假山名闻天下。狮子林的碑刻也是园中的胜景，如文天祥的草书、苏轼的行草、吴昌硕的篆字等，还有米芾书碑多方，其中的《研山铭》更是书法珍品，那是米芾为失去一块奇石，有感挥毫的心境流露。贝聿铭深知狮子林中的假山今世不可复得，遂创新途，为庭院增添了一处胜景。

"以壁为纸，以石为绘"的创意山水

苏州博物馆假山夜景

狮子林的假山

作为展览之一的宋画斋

由来自山东的石块加工而成的假山

自西侧主展厅东观庭园

　　作为苏州博物馆重心的庭园，乃是历经多次变更设计才达成目前的情况。依公开展览时的模型来看，庭园中的水池与北侧拙政园以细渠相连，水池东侧有一小岛，西侧茶亭平行中轴配置，水池整体面积较小，参观者可环池行走。现况与模型最大的差别在于水池不仅加大了，较自然的轮廓也被改变，池岸成为直来横往的硬线条，并且在池中小桥的中间加建了表演平台，参观者需要循着小桥凌池越过，方能到达东侧的馆舍。这些改变令庭园空间更为丰富，尤其为假山的造景增加了欣赏的景深，有别于传统园林所讲究的曲径通幽，以另类的开放广场形式呈现，凸显了贝聿铭所秉持的现代主义精神。庭园中有假山、小桥、亭台、竹林与池塘，这些元素皆为苏州园林的基本元素，然而经贝聿铭组合后，却全然不是典型苏州园林的风貌，应当以"新而苏"形容之。

苏州博物馆庭园的水景

水池中的茶亭

自宋画斋出口东望庭园

自小桥东望现代艺术展厅

　　另一个重大的设计变更涉及门面，即大堂的门。大圆图案的玻璃门，在原本模型中是在八角形大堂前添加方盒子，方盒子覆以硬山屋顶；在透视图中，大圆玻璃门上方有水平的雨篷；最终是大圆玻璃门，门前的雨篷呈三角折线，延续屋塔斜面的造型。这些设计变更的历程，反映了贝聿铭对建筑造型整体感的追寻与坚持，不知这是否是因为受到了北京中国银行总部大楼的教训。大楼东南角入口玻璃塔是香港中银大厦的迷你版，然而门前的雨篷采用穹顶，与整栋建筑的语汇毫不相关，着实唐突不搭。

　　为遵循设计准则要求的"不高不大不突出"，苏州博物馆的主体建筑高度控制在16米之内；中央大厅和西侧展厅达两层，都没有超出周遭古建筑最高点的16米限定。至于"苏而新"理念的贯彻，馆舍建筑的粉墙遵循了地方特色，添加的框线有追溯木构造的影子，梁思成设计的扬

模型显示八角形大堂前添加方盒子，方盒子覆以硬山屋顶（翻拍自苏州博物馆设计方案展）

延续屋塔斜面的苏州博物馆雨篷　　北京中国银行总部大楼东南角入口的雨篷是穹顶

州大明寺鉴真纪念堂中，木结构所形成的墙面被划分，这应该对贝聿铭运用框线有所影响 [13]。有鉴于香山饭店瓦片遭遇冬雪裂破的经验，苏州博物馆屋顶的黛瓦则采用黑色石材，一则坚固，二则色彩符合贝聿铭的要求。屋瓦非传统的纵向排列，而是旋转了45度，以菱形呈现，这令人联想到东海大学路思义教堂的屋面，两者的排列方向纵然相异，但是都强调凸显了几何形的设计。

　　距香山饭店的设计，已时隔27年，贝聿铭尝试中国建筑的第三条路，提出了"中而新、苏而新"的准则，这次极少听到负面的声音，舆论也多以封刀之作赞誉有加。不同的观点当然也是有的，"重量级建筑师认真设计的，与国际瞩目的文化遗产相配合的建筑，在传统与现代的议题上是否足以为我们示范，受到普遍的肯定呢？答案是不然"，汉宝德在《苏州博物馆的传统与现代》一文中 [14]，针对苏州博物馆的精妙分析，足堪作为赏析该建筑的脚注之一。"此幅假山石画，为全馆景观之眼。想见之，亦不难，甚至不用进馆，只需站在博物馆大门口向里看，视线沿着中轴线，穿过入口大厅的前后两面玻璃墙，就可一通到底，直达这后墙的杰作。"这种外向而直接的空间安排方式，其实类似于法国凡尔赛宫的大花园，

扬州大明寺鉴真纪念堂木结构的墙面

苏州博物馆屋顶采用黑色石材

苏州博物馆临齐门路的西立面

中国台湾东海大学路思义教堂屋面的贴瓦

在经典中式的建筑群中，是找不出来的。"中国的文化表现，不同于西方的外向而直接，而是含蓄而内向的""无论门开在中部还是角部，进门都需有屏风或照壁，开门不望见前院，遑论后院""从建筑的本质上讲，苏博的空间不中——其一览无余的空间安排并非是中式的；形式不中——其几何构成的形式更加难言中式；技术不中——从顶到墙都是典型的西方技术，更与中国的传统木构做法不沾边"。这是另外一个不同的观点[15]。

"对我而言，建筑有特定功能，对象是人，必须与特定时空的生命相关。"贝聿铭如是说，"建筑要忠于自我，不断精练，我希望人们会说'做得真好，我以前看过他的作品，我知道这也是他设计的'。"[16] 在变与不变之间，贝聿铭坦诚阐述了个人的建筑风范。贝聿铭曾称建筑不宜革命（revolution），建筑应该与时进化（evolution）。"我的真意是希望由此找到中国建筑创作民族化的道路，这个责任非同小可，我要做的只是拨开杂草，让来者看出隐于其中的一条路径。"从 1943 年硕士毕业后设计的上海博物馆，1954 年规划的中国台湾东海大学，1982 年的香山饭店，到 21 世纪的苏州博物馆，传统是现代建筑的沉重十字架？追寻建筑新风格的使命感是梦魇？倒是在贝聿铭的光环之下，苏州博物馆的传统与现代课题，不再被重视讨论了。综观贝聿铭在苏州博物馆的设计，"新而中，新而苏"应该是较贴切的诠释。

苏州博物馆剖面图

苏州博物馆南北向剖面图（取材自《时代建筑》总第 95 期，2007 年 3 月）

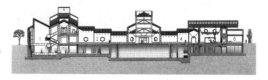

苏州博物馆东西向剖面图（取材自《时代建筑》总第 95 期，2007 年 3 月）

贝聿铭最喜欢的"小女儿"——苏州博物馆

注解

［1］陈薇"苏州博物馆新馆"《世界建筑杂志》，2004 年 1 月，12—16 页；新华社通讯高级记者王军在著作《采访本上的城市》中也对此事有所报道，可参阅该书收录的《贝聿铭收官》一文，北京三联书店，2008 年 6 月。

［2］贝聿铭的题词被菲利普·朱迪狄欧（Philip Jodidio）收录在《贝聿铭全集》（*I.M. Pei: Complete Works*）一书第 314 页，不过略去了最后一句称赞报告书与对实践计划的期盼之语。

［3］高福民主编，《贝聿铭与苏州博物馆》，古吴轩出版社，2007 年 4 月，30 页。

［4］林兵译，《与贝聿铭对话》，台北联经出版事业股份有限公司，2003 年 11 月，180 页。

［5］王军，《采访本上的城市》，北京三联书店，2008 年 6 月，189 页。

［6］同书，188 页。

［7］张钦哲记录，"贝聿铭谈中国建筑创作"《阅读贝聿铭》，台北田园城市，1999 年 4 月，33 页。

［8］同注［3］，48 页。

［9］施作过程参见注［3］，68 页。

［10］《园冶》一书成于明崇祯七年（1634），作者计成（1582—1642），字无否，号否道人，《园冶》是所知世界上最早的中文造园专书。书有三卷，第三卷第八章的第八节为峭壁山"峭壁者，靠壁理也。以粉壁为纸，以石为绘也。理者以石皴纹，仿古人笔意，植黄山松柏，古梅美竹，收之圆窗，宛然镜游也。"

［11］贝润生（1870—1945），16 岁至上海瑞康颜料行做学徒，主人过世后，接任经理，当时年 28 岁。1911 年与他人投资设立了谦和靛青行，1914 年，第一次世界大战造成颜料价格大涨，贝润生赚进大量财富，成为颜料大王。1917 年贝润生以 9900 银圆购得荒废的狮子园。花费了 80 万银圆，以十年时间重新整修，并在花园内增建石舫。狮子林于 2000 年被列为世界文化遗产。

［12］苏州四大名园：宋代的沧浪亭、元代的狮子林、明代的拙政园、清代的留园。此四园与网师园、环秀山庄、艺圃、耦园、退思园等，以苏州古典园林的名义共同被列为世界文化遗产。

［13］1980 年 5 月 30 日贝聿铭在纽约清华同学会的演讲上，提到"梁思成设计的鉴真纪念堂是模仿古典的唐朝风格，特别是那优雅的墙面划分应该能够给我们更多的启发。"——王天锡《贝聿铭》，北京中国建筑工业出版社，1990 年 6 月，254 页。

［14］汉宝德《建筑母语——传统、地域与乡愁》，台北天下远见出版股份有限公司，2012 年 9 月，216 页。

［15］原文网址：https://read01.com/eP6axQe.html

［16］这段话取自 *I. M. Pei*，The First Person Singular，Lives & Legacies Films Inc.，2003 年。

第十讲

阳光建筑
伊斯兰艺术博物馆

2008 年在美国出版的《贝聿铭全集》（*I.M. Pei: Complete Works*）一书中，位于卡塔尔多哈的伊斯兰艺术博物馆（Museum of Islamic Art）作为其压轴之作来介绍 [1]。该馆于 2008 年 12 月 8 日开放，是贝聿铭在中东地区的唯一作品，亦是他晚年退休之后所设计的规模最大的作品，不过还不是封刀之作，2012 年的美秀教堂才是其建筑生涯的最终一笔。

俯瞰伊斯兰艺术博物馆（伊斯兰艺术博物馆提供，©MIA）

贝聿铭在中东地区的唯一作品——伊斯兰艺术博物馆

　　贝聿铭的中东经验可追溯至20世纪70年代，他曾于1970年至1978年间在伊朗首都德黑兰设计了一座高135.03米的住宅，1974年此建筑与街对面的行业信贷银行大楼（Industrial Credit Bank）合并，组成了一个占地1.46公顷的凯普赛德开发案（Kapsad Development，1975—1978），除了住宅、53层的办公大楼之外还包括拥有400间客房的酒店和13935.5平方米的商场等。1979年伊斯兰革命爆发，巴列维王朝（Pahlavi Dynasty）被推翻，在政局动荡不安的情况下，这些项目都没被具体实现，但是贝聿铭仍拿到了他应得的设计费[2]。同一时期的科威特是波斯湾地区最富饶繁华的城市，全球知名的建筑师们莫不争相在此留下自己的作品，贝聿铭当然也不例外。他在1976年至1979

年间曾经规划了一个名为阿尔·萨拉姆（Al Salaam Project，1976—1979）的占地 11.33 公顷的开发案，其中包括 612 ~ 672 个公寓单元、办公大楼、商场与托儿所等。中东的这些方案全是现代化的设计，可谓全球化趋势下的国际样式，这与三十年之后多哈伊斯兰艺术博物馆刻意强调伊斯兰风格，形成了极大的反差。

　　按照华盛顿国家美术馆东馆为贝聿铭所作的口述历史，东馆的广场上原本应有一个水池，但尔后被修改为喷泉，水柱流往地下层。贝聿铭自述他在印度看到水流在倾斜面上流动的效果甚佳，因此在地下通道特意设计了相似的水景。许多人认为那是瀑布，贝聿铭不认同这种说法，他解释说斜面经过刻意分割，让水流激起水花，透过阳光照射形成变幻的效果，贝聿铭表示是受伊斯兰建筑中水景的启迪 [3]。如果没有口述历史的纪录，谁会知晓这个动人的水景设计，其理念竟是这么一个中东经验！

科威特阿尔·萨拉姆开发案模型（贝考弗及合伙人事务所提供，©PCF）

华盛顿国家美术馆东馆的水景

　　伊斯兰艺术博物馆项目曾于 1997 年由阿加汗文化信托基金会（Aga Khan Trust for Culture）举办国际设计竞标，入围复选六家，其中不乏国际重量级建筑师，如英国的理查德·罗杰斯（Richard Rogers，1933—）与扎哈·哈迪德（Zaha Hadid，1950—2016）等。另外还包括以下四位建筑师。西班牙巴塞罗那的奥里奥尔·博伊加斯（Oriol Bohigas，1925—），他于 1977 年至 1980 年间担任巴塞罗那建筑技术学院的建筑系主任，1980 年至 1984 年间任巴塞罗那都市规划局局长，1951 年与两位建筑师成立了 MBM 建筑师事务所。1992 年巴塞罗那举办奥运会，其事务所参与了相关的建设，如运动村与寇尔水上公园（Parc de la Creueta del Coll）等，巴塞罗那设计博物馆是其事务所较为知名的作品。美国的詹姆斯·怀恩斯（James Wines，1932—），是美国 Site 建筑师事务所的创办人，他以沙漠的地貌投射至提案，作品关注基地函构，于 20 世纪 70 年代曾为 Best 企业设计一系列环境雕塑感之建筑物。印度建筑师查尔斯·柯里亚（Charles Correa，1930—2015），曾先后于密歇根大学与麻省理工学院就读，1958 年开始独立执业。他不仅是二战后印度知名的现代建筑师兼都市规划家，其卓越成就还赢得了国际肯定，1984 年英国皇家建筑师协会授予其金质奖，1994 年荣获日本高松宫殿下奖。约旦建筑师拉斯姆·巴德兰（Rasem Badran，1945—），1970 年毕业于德国达姆施塔特工业大学（Darmstadt University of Technology），1979 年回到约旦首都安曼成立了 Dar Al-Dmran 建筑师事务所，1995 年以利雅得大清真寺与旧城区再开发案获得阿加汗建筑奖（Aga Khan Award for Architecture）。

决赛由评选团甄选出两个优秀提案，分别是印度建筑师查尔斯·柯里亚与约旦建筑师拉斯姆·巴德兰的设计，最终业主选择了后者 [4]。当时卡塔尔政府正在经历政策与人事的更迭，身为评审委员之一的路易斯·蒙里亚尔（Luis Monreal）出任阿加汗文化信托基金会总经理，他

伊斯兰艺术博物馆国际设计竞标中，获胜的约旦建筑师巴兰德的提案（取材自建筑师巴兰德网站）

向卡塔尔王室推荐了贝聿铭。中东波斯湾地区的数个国家依靠石油出口积累了大量财富，雄心勃勃地大力建设，要在全球化的潮流中力求现代化。作为阿拉伯联合酋长国中人口最多城市的迪拜，借由大兴土木，兴建了世界第一高楼哈利法塔（Burj Khalifa，2004—2010），建立其名声；其首府阿布扎比的萨迪亚特文化区（Saadiyat Cultural District）坐拥安藤忠雄、盖瑞、霍朗明、让·努维尔（Jean Nouvel，1945—）与扎哈·哈迪德等人设计的博物馆与艺术中心。这些建筑明星的加持使得阿布扎比跃升为中东的文化首都。在各酋长国竞相追逐欧美的明星建筑师的风潮中，卡塔尔当然也不落人后，其国家图书馆设计者是荷兰建筑师雷姆·库哈斯（Rem Koolhaas，1944—），贸易会展中心出自日本建筑师矶崎新（Arata Isozaki，1931—）之手，卡塔尔国家博物馆由法国建筑师让·努维尔设计，大学城中的校舍拥有墨西哥雷可瑞塔建筑师事务所（Legorreta +Legorreta）等的作品。若考虑明星建筑师的效应，贝聿铭当然胜过约旦的建筑师，因此建筑设计师易主，贝聿铭被委托设计伊斯兰艺术博物馆。

馆舍基地位于海滨大道北侧，距多哈的传统市集不远，海湾对岸的市中心大楼林立，相较之下海滨大道还尚未开发，但是贝聿铭担忧未来的建设会将博物馆淹没，所以要求在海湾中开辟一座人工岛作为基地。大师的要求，而且有利于博物馆存在的自明性，以人工岛从事新开发案，前有迪拜的棕榈岛与世界岛，卡塔尔多哈则有珍珠岛，业主当然乐于配合，于是在距海岸 60 米处的海湾内建造了一座新基地。从海滨大道需经过一个斜坡步行至伊斯兰艺术博物馆，斜坡下是停车场，博物馆的入口被提高了一层，沿途有流水与喷泉，两旁的人行道有棕榈树列，意在将观众从喧嚣的都市引入静谧的艺术殿堂，并声称其灵感源自伊斯兰花园轴线布局，有召唤天堂的隐喻 [5]。棕榈树固然具有地域特色，却缺少了足够的树荫，在多哈酷热的环境下，入馆的体验甚差。相较于美秀美

荷兰建筑师雷姆·库哈斯设计的
国家图书馆

日本建筑师矶崎新设计的贸易会
展中心

法国建筑师让·努维尔设计的卡
塔尔国家博物馆

大学城中的得州农工大学校舍
由墨西哥雷可瑞塔建筑师事务
所设计

术馆、卢浮宫，乃至华盛顿国家美术馆西馆至东馆之空间体验，高下立见。

　　根据贝聿铭的自述，自从巴黎卢浮宫项目之后，他改变了个人的建筑方式（approach to architecture），从基地的文化切入，以便更进一步掌握当地的需求[6]。贝聿铭的作品莫不以与基地融合而闻名，着重配置、功能、造型等层面，当然这与大部分项目位于美国的原因息息相关，没有关照文化的特别需求。为了本案，他特地花了六个月旅行，至突尼斯、埃及、西班牙等地，追寻探索伊斯兰建筑的风格。贝聿铭认为受伊斯兰文化影响的区域甚广，以致各地的风格有很大差异，选择何地作为博物馆风格的参照是很大的挑战，最终他以埃及开罗的伊本·图伦清真寺（Ibn Tulun Mosque）作为设计原型，发展成为现今我们所见的成果。伊本·图伦清真寺建于公元 876—879 年间，曾遭战乱毁损，如今的样貌系 13 世纪被修复后的成果。尖拱凉廊围出方正的庭院，庭院中央有一座洗礼泉，洗礼泉平面为四方形，向上层渐渐缩退成八角形，最上方的屋顶则是圆

位于人工岛的伊斯兰艺术博物馆

形，其建筑形式多变。贝聿铭曾经走访伊本·图伦清真寺三次，他认为量体与几何是伊斯兰建筑的特色，尤其在阳光下所呈现出的效果更是其精华之所在，他特意以"阳光建筑"（sun architecture）的概念作为设计参照，摒弃了一般人持有的伊斯兰建筑要绚丽多彩的刻板印象[7]。贝氏的选择与认知被首任馆长奥利弗·沃森（Oliver Watson）形容为十分的"个人化"，他同时也美言这符合伊斯兰艺术与历史的人文特质[8]。

伊斯兰艺术博物馆采用几何立方体，堪视为一座另类的金字塔，"有人说我很痴迷于几何，或许他们是对的，我相信建筑是靠几何使之成为实体。"贝聿铭自述，"我被几何吸引，这就是我成为建筑师的缘由。"[9]博物馆从基座向上逐渐退缩扭转，这般堆叠的设计手法，在未付诸实践的古兰德里斯现代艺术博物馆（1993—1997），几乎同时期设计的苏州博物馆（2000—2006）与中国驻美国大使馆（2000—2008）中都可观察到相似的关联性。伊斯兰艺术博物馆高五层，然而馆舍的四方形堆叠达七层，旋转45度的顶层内包覆了穹顶，穹顶占据了两层的高度，因

伊斯兰艺术博物馆入馆处的斜坡道

此使得整体的造型在比例与体量上较为得体，胜过苏州博物馆堆叠的效果。伊斯兰艺术博物馆每一层的立方体都没有斜面，使造型为之简洁利落。缩退处的屋顶没有开设天窗引进自然光，是较为令人诧异的设计，贝聿铭一贯的精彩采光罩竟然在此项目中缺席，反而在最上方的立方体开了一道隙缝，远观颇似穿着布卡（burka）的中东女性所露出的眼睛，不知这是否为另类的中东经验投射。

　　博物馆入口处有一座雨篷，雨篷在贝聿铭晚期的作品中是一个有争议的设计议题。北京中国银行总部（1999—2001）入口处的雨篷是一个

埃及开罗的伊本·图伦清真寺（取材自 Wikimedia Commons）

几何立方体堆叠的伊斯兰艺术博物馆　　立方体的隙缝宛若穿着布卡的中东女性所露出的眼睛

圆穹，此元素在其设计建筑中从未出现过，与转角处玻璃帷幕塔的三角分割格格不入。苏州博物馆（2000—2006）入口的设计，一共经历过三种不同方案，如今顺着斜屋顶的两坡玻璃雨篷，是经过修改的，较符合整体造型。中国驻美国大使馆（2000—2008）入口的雨篷是一个悬挑的穹顶。伊斯兰艺术博物馆雨篷的造型是大厅咖啡店水池图案的再现。在雨篷上方，相同的图案在正立面的墙面再次出现，连跨越人工岛前方广场的八角形水池都有此图案，显然它是伊斯兰艺术博物馆设计的基调之一，屡次出现，串联形成空间的轴线，巧妙地将室内与户外连接。

　　参观者通过安检之后，进入博物馆的大厅，迎面而来的是对称的宏伟楼梯，楼梯没有支柱，盘旋通达二楼。从艾弗森美术馆雕塑般的清水混凝土楼梯、卢浮宫的不锈钢回旋楼梯，到德国历史博物馆的玻璃楼梯，

北京中国银行总部的入口雨篷

苏州博物馆顺着斜屋顶的两坡玻璃雨篷

伊斯兰艺术博物馆的雨篷

伊斯兰艺术博物馆入口墙面的图案　　伊斯兰艺术博物馆大厅咖啡店水池

伊斯兰艺术博物馆入口广场的水池

楼梯设计一直在进化，成为贝氏作品中令人惊艳的设计之一。伊斯兰艺术博物馆的环形楼梯，尺度更宏大，形式更先进，自地面向上延伸，与环状的大吊灯、上方顶端的金属采光穹顶结合，在50米的垂直向度，创造了精彩纷呈的空间效果，诚是此馆的亮点。

伊斯兰艺术博物馆的环形楼梯

　　环状大吊灯早在北京中国银行总部大楼的大厅中就出现过，伊斯兰艺术博物馆中的吊灯更为精良，在环的表面以激光镂刻了金色的图案，以呼应阿拉伯风格。此灯由德国 ROL 灯光技术公司（Rol Lichttechnik，St. Augustine）制作，于工厂分段铸造后，在工地现场组装。受到室内空调温度的影响，金属热胀冷缩会影响吊灯的结合完美度，所以事先精确计算每一段环的尺寸是此项工程的要务之一。作为灯光设计顾问的 FMS 公司，由三位合伙人于 1971 年共同创立，他们也曾参与过美秀美术馆与苏州博物馆等项目。有了这些合作无间的优秀顾问的鼎力协助，大厅呈现出完美的效果，《贝聿铭全集》（英文版）一书的封底就是大厅的仰视照片，环状大吊灯成了大厅的主角。

环状大吊灯是伊斯兰艺术博物馆大厅的主角

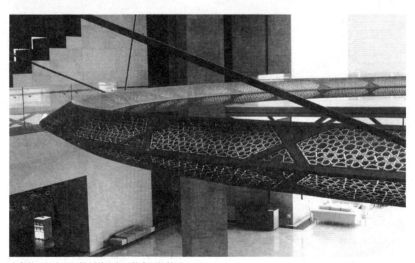

金色的环状大吊灯镂刻着图案以符合阿拉伯风

自天桥南望伊斯兰艺术博物馆大厅

　　环形大吊灯上方的采光圆穹以不锈钢拼组出多面的半球体，由于半圆球被高耸的立方体遮蔽，因此从外观无从发现其存在。这样的设计是合理的，如果将半球体暴露在外，其与建筑体量相较会显得尺度过小而比例失衡，而且会唐突地冒出一个与立方体不匹配的元素。贝聿铭其他作品的大厅内洋溢充沛的、变幻的光影，但是伊斯兰美术馆的大厅受限于圆穹的有限光源，无法享有充分的、精彩的光影变化，甚至导致大白天室内也必须以灯光照明，这与户外艳阳高照的明媚天气相比，形成了极大的讽刺感。一样有天窗与大吊灯，一样以剪力墙承重，对照北京中国银行总部大楼的自然光效果，贝氏空间一贯运用的炉火纯青的光影效果在伊斯兰艺术博物馆中竟全然消失了。采光穹顶坐落在八角形的壁体上，壁体承接至三角形剪力墙，再经转折至四个角隅的立柱。自圆至八角形，最终正方形，在结构系统上是很合理的设计，文艺复兴风格的教堂，乃至中国传统建筑的藻井中皆可见相同的结构手法。但是此处结构不对称，北侧的两片三角剪力墙落在五楼楼板处的柱头，南侧的剪力墙则落在三楼楼板处的柱头，如此不对称的状况是因为五楼北侧有办公空间的需求。

北京中国银行总部大楼大厅　　　　　仰视穹顶天窗

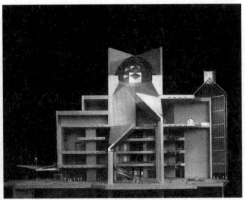

大厅剖面模型（伊斯兰艺术博物馆提供，©MIA）

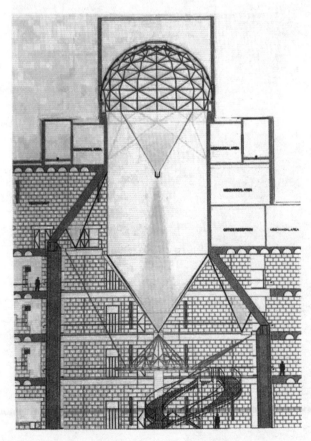

大厅剖面图（伊斯兰
艺术博物馆提供，
©MIA）

大厅的空间平面实际非正方形，由于被天桥分隔成南、北两区，南区的四隅有立柱，环形吊灯位于四个立柱中央，使得中庭南区有方正之感。中庭的北区是咖啡店，北立面是高达 45 米的帷幕玻璃塔，可饱览海景与市中心的天际线。这个耸立的窗与五楼餐厅平面在顶部形成八边形，与大厅整体空间的八边形呼应。咖啡店的屋顶颇似卢森堡现代艺术博物馆突起的屋顶，在三角斜面之上外加一个立方体，在顶端外加突起的立方体在造型上与穹顶的立方体呼应。从这些造型的设计手法，可见建筑师的用心，让相同的空间与造型统一。为了塑造此种效果，临窗摆放沙发的空间是增建的，突出于建筑物，在室内享受美景的参观者可能不知道他们脚下就是波涛汹涌的海湾。同样是在海湾面对远方城市的天际线，同样是高耸的帷幕玻璃立面，这与 1979 年的肯尼迪图书馆相同，时隔将近 30 年，帷幕玻璃的结构系统不再是错综的桁架，而是代之以轻便的弦索与框架，这是拜科技的进步所赐。

北立面高达 45 米的帷幕玻璃塔　　　　　仰视 45 米高的帷幕玻璃塔

帷幕玻璃塔的顶端有突起的立方体

卢森堡现代艺术博物馆突起
的屋顶

　　天桥是贝聿铭作品中颇为重要的元素，以使空间体验更为丰富。在伊斯兰艺术博物馆为了连接东西两翼的展览室，借由天桥形成了口字形的连续动线。与昔日作品中的天桥相比，此馆的天桥没有选取混凝土建造，而是以钢构代之，铺面是半透明玻璃，这是贝聿铭第一次建造钢构玻璃天桥。贝考弗及合伙人事务所的詹姆斯·弗里德设计的华盛顿美国大屠杀纪念馆，曾经运用过玻璃砖铺面的天桥。此处，天桥铺面采用了半透明玻璃或玻璃砖，皆出于对女性参观者的保护，避免女性行走其上时发生尴尬的走光现象，这是建筑师用心与细心的另一体现。

伊斯兰艺术博物馆中的钢构与玻璃铺　横跨东西两侧的天桥
面天桥

　　全馆共有 18 个展览室，分别分布在二、三楼，面积达 5250 平方米。二楼以艺术中的形象、书法、图案与科学为主题，以 7 世纪至 12 世纪早期的伊斯兰艺术和伊朗与中亚、埃及与叙利亚、印度与土耳其不同地区的文物为主。展览设计由贝聿铭推荐的法国设计师让 - 米歇尔·维尔莫特（Jean-Michel Wilmotte，1948— ）主导，他俩在卢浮宫项目中曾合作过。维尔莫特于 1975 年就开始独立执业，于 1993 年获得建筑学位。巴黎香榭丽舍大道的街具由他设计，从事过的展览设计无数，诸如里昂美术馆、葡萄牙里斯本希亚多博物馆（Chiado Museum）、荷兰阿姆斯特丹国家博物馆等。考虑到多哈伊斯兰艺术博物馆的收藏品与日俱增，展览的内容可能改变，为便于馆方灵活地安排，维尔莫特特意将部分展示柜设计成可移动的。他选取了暗灰色的岩石作为展览室空间的背景，许多倚靠墙面的展示柜，以独立的方式摆设在水平的台座上，而非一般博物馆所见的连续式展示柜，水平台座下方留空，不会造成观众凑近观看时脚踢到展示柜的现象。部分展览室中央的展示柜以 4.5 米高、3 米宽的不反光玻璃组合而成，玻璃柜内以单根支柱撑起平台，平台之上展示收藏品，加上特殊的照明计划，使得展示品犹如飘浮在空间中。部分的展览室中央是数个可移动的、尺寸不一的平台，玻璃柜就直接安置于平台上展示。

　　自从卢浮宫项目以来，贝聿铭就偏好使用法国勃艮第石材，多哈伊斯兰艺术博物馆也不例外，为配合建筑的石材色调，图书馆的家具以奶油般的米色系为主。图书馆的东立面是连续的拱窗，是饱览市中心天际线的另一个框景所在。位于一楼大厅西侧的礼品店是值得驻足的场所，维尔莫特以特别设计的吊灯与地灯，营造出柔和的照明，通过轻柔通透的金属网划分出不同性质的空间以展示商品，还开辟出一小间展区以展览艺术品的规格陈设精品，礼品店的氛围温馨典雅。礼品店的南侧是礼堂，其室内设计与美秀美术馆、苏州博物馆如出一辙，差异在于规模的大小。

展览室中倚靠墙面的展示柜

展览室中央的展示柜

展览室一隅

四楼是特展空间，常因展览换档布置而不开放，东西两翼的展览室，由于部分挑空与三楼的展览室连通，以致该层的总面积只有 700 平方米。五楼是高级餐厅，于 2012 年 11 月邀请了法国厨神艾伦·杜卡斯（Alain Ducasse，1956—）开设。他旗下的餐厅多达 25 家，多家餐厅获米其林星级认证，其个人拥有 9 颗星，被尊为餐饮界的传奇人物。为遵守伊斯兰教的禁酒规定，餐厅只供应不含酒精的鸡尾酒与精致的地中海美食，经过半年研发食谱，菜单最终确定以有机食物与当地食材为主，开幕仪式由主厨罗曼·梅德（Romain Meder，1978—）主持。名为"IDAM"的餐厅于 2013 年 1 月 26 日正式营业，只供应晚餐，罗曼·梅德经营了"IDAM"一年半之后，返回巴黎主持了另一家餐厅。2017 年 5 月，新主厨达米安·勒鲁（Damien Leroux）走马上任，他是"IDAM"的第三任主厨。

图书馆一隅

一楼大厅西侧的礼品店

礼品店一隅

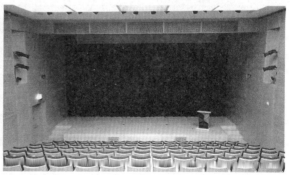
位于一楼西南角的礼堂

　　餐厅拥有绝佳的景观，挑高两层的用餐空间悬吊在空中，北侧可远望夜晚市中心的万家灯火，南侧面朝博物馆的大厅。餐厅共有 60 个座位，室内设计出自法国著名设计师菲利普·斯塔克（ Philip Stark，1949— ）之手。餐厅给人的第一印象是其入口处各色各样的座椅与茶几，而法国式冠椅的出现，不知是否有意地要连接王室。吧台处闪亮的金属桌椅，与博物馆内其他家具风格迥异。大玻璃窗北侧的墙面是一大片的书柜，黑色的地毯有白色的阿拉伯文字，其内容是《一千零一夜》的故事，通过书法之美展现阿拉伯风格，餐厅的桌椅全是白色，甚至餐具皆为黑白色，看似低调，但依然具有强烈的意象，"只有黑白色才足以映衬色彩的丰富性，将材质的自然色调一一凸显。"菲利普·斯塔克如是说 [10]。一楼咖啡厅的设计也出自斯塔克之手。

　　馆方表示在邀请菲利普·斯塔克之前，曾咨询过建筑师的意见，而贝聿铭并没有任何异议。考虑到该馆其他空间的室内设计皆由贝聿铭推荐设计者，唯独顶楼如此重要的空间，却出现了不同风格的设计，令人为之讶异与意外。顶楼耀眼的金属吊灯是贝聿铭为餐厅量身设计的特殊灯具，与大厅的金色大吊灯交相辉映，所幸此金属吊灯与菲利普·斯塔克的室内设计没有过于违和之感。

　　时隔近 20 年，同样位于建筑的顶层，同样是功能相似的餐饮空间，伊斯兰艺术博物馆的餐厅与香港中银大厦的七重厅相比，两者各有优势，但是"IDAM"少了自然光影的精彩加持，再加上室内设计由他人负责，总令人感觉五楼的空间丧失了贝聿铭作品的一贯特色。

　　管理卡塔尔文化事务的卡塔尔博物馆管理局（Qatar Museums Authority）颇看重博物馆的推广教育，因此在伊斯兰艺术博物馆东翼另建了一座教育中心，教育中心包括图书馆与行政空间，其配置颇似贝聿铭的第一个美术馆——艾弗森美术馆：将服务与展示空间区隔开来。教育中心与博物馆各有独立的入口，两者之间由走廊相连，彼此之间的开放空

五楼餐厅入口处的各色各样座椅与茶几

餐厅北侧墙面的一大片的书柜

五楼餐厅一隅

一楼咖啡厅一隅

贝聿铭为餐厅量身设计的金属吊灯

间设置了一座水池，水池中央有一座凉亭。此凉亭（2000—2008）与贝聿铭的小品奥尔亭（Oare Pavilion，1999—2003）、苏州博物馆庭园中的茶亭（2000—2006），是同一时期设计的，平面皆是八边形，彼此的造型各异，三者的设计发展是颇值得玩味的课题。伊斯兰艺术博物馆凉亭在庭院中不具功能性，造型最简洁，具有贝聿铭现代主义的一贯风格。西侧也有一个庭院，是作为王室专用码头的前置空间，码头处一座电梯，仿卢浮宫玻璃金字塔的隐形方式，未使用时就藏在地下。庭院内有六个涌泉，这让东西两个庭院对应其周遭空间功能，呈现出不同的空间性格。

综观伊斯兰艺术博物馆的建设历程，有些现象值得探讨：伊斯兰艺术博物馆为庆祝开馆，印制了一本精美的出版物，内有贝聿铭亲自绘制的两张设计草图 [11]。华盛顿国家美术馆东馆项目之前，根本没有任何设计手迹出现过，自国家美术馆东馆之后，几乎设计每一个博物馆时都可见到贝聿铭的草图。伊斯兰艺术博物馆的两张设计草图，一张是建筑物立面，一张是拱卫人工岛的 C 形海湾，海湾草图写有两个中文字"孔明"，并注明绘于 2000 年 12 月 1 日。贝聿铭对人工岛与海湾从未有支言片语

连接博物馆与东翼教育中心的长廊

伊斯兰艺术博物馆东翼的教育中心

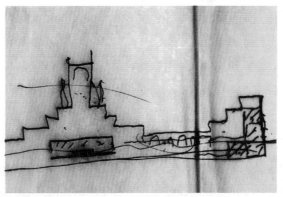

贝聿铭绘的建筑物立面草图（伊斯兰艺术博物馆提供，©MIA）

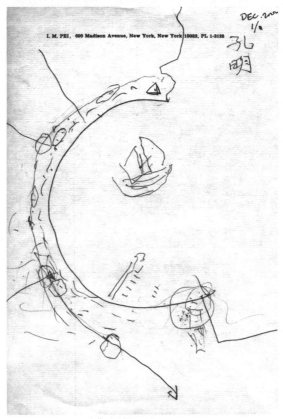

拱卫人工岛的 C 形海湾草图（翻拍自 *MIA － I. M. Pei*，2008）

的说明，"孔明"二字有何意义，没有他亲自解释，只能存疑。此外，人工岛为何不与陆地平行，也令人疑惑。这造成入馆的斜坡道无法垂直正对建筑物，建筑物的入口两侧需要增建突出体才能衔接，以黑白石材为立面增建的三角体量既不对称，又与东西庭院的拱廊立面不协调。平面图中三角形体量的空间并未标示功能性质，是否为实质需求所添加，令人费解！美秀美术馆的隧道开口也没有正对着建筑物，是受制于自然地形与山势的结果，而人工岛是可以掌控的建设！博物馆一楼东侧展览室的东北角被莫名削去一角，使得全馆方正的建筑语汇中出现特例，不知这是否是为了让两个庭院的空间有所差异而特别设计的。一个方正，一个长方，这造成北立面的不连续性，对立面的整体感是一种违背，所幸由于北立面很难被观看到，此不和谐不易被察觉。另外，全馆的室内空间竟然没有贝聿铭标志性的植栽，令人疑惑其原因何在。华盛顿国家美术馆东馆大厅内的橡树、卢浮宫黎塞留馆玛丽院的树列、苏州博物馆嫁枝紫藤的轶事，都令空间更为丰富，营造了场所感。伊斯兰艺术博物馆其实有足够的室内空间可供发挥，却没有善加利用，缺少树木的贝氏空间也相应失去了尺度感与绿意的特色。

与毗邻的迪拜、阿布扎比等城市相比，同样追逐明星建筑师从事文化建筑建设，伊斯兰艺术博物馆砸大钱收集典藏品，而非与大博物馆合作，在全球化趋势下没有被"文化殖民"，自立自强的作为令人刮目相看。邀请贝聿铭负责博物馆的设计，既实现了国际宣传效果，也使建筑物成为了卡塔尔的文化象征。无论从航空公司的宣传简介影片还是相关旅游宣传品等，伊斯兰艺术博物馆始终被人传颂，成为卡塔尔多哈在文化观光层面的亮点，贝聿铭又成功地为都市建立地标。

伊斯兰艺术博物馆西翼庭院

教育中心前的庭院

伊斯兰艺术博物馆是卡塔尔的国家标志

夜色中的伊斯兰艺术博物馆

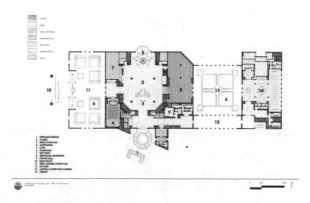

伊斯兰艺术博物馆一楼平面图（伊斯兰艺术博物馆提供，©MIA）

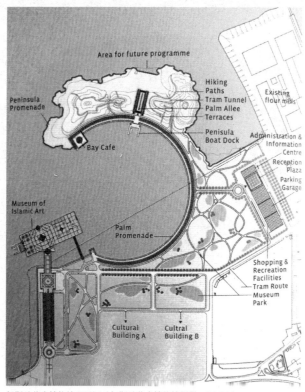

伊斯兰艺术博物馆配置图（伊斯兰艺术博物馆提供，©MIA）

注解

[1] Philip Jodidio & Janet Adams Strong, *I. M. Pei: Complete Works*, Rizzoli, New York, 2008, pp. 326 - 341.

[2] Michael Cannell, *I. M. Pei - Mandarin of Modernism*, Carol Southern Books, New York, 1995, p. 234.

[3] National Gallery of Art Oral History Program, Interview with I.M. Pei, Conducted by Anne G. Ritchie, Feb. 22, 1993, New York City, New York, Gallery Archives, p.42.

[4] 评选团成员包括墨西哥建筑师瑞卡多·雷可瑞塔（Ricardo Legorreta, 1931—2011）、日本建筑师桢文彦（1925—）、意大利建筑师杜梅尼科·内格里（Domenico Negri, 1928—）、阿拉伯建筑师阿里·沙北（Ali Shaibi）与西班牙艺术史学家路易斯·蒙里亚尔（Luis Monreal）。参阅 International Competition for the Museum of Islamic Arts— Archnet, https://archnet.org/publications/4491。

[5] 同[1] p. 335

[6] Oliver Watson, *Museum of Islamic Art*, Prestel, Munich, 2008, p.35。

[7] 同[1] p. 329

[8] 同[6] p. 26

[9] *Learning from Light, the Vision of I. M. Pei*, Directed by: Bo Landin / Sterling Van Wagenen, Screenplay: Bo Landin, USA, 2009。

[10] 参阅菲利普·斯塔克的设计说明 http://assets.starck.com/attachments/cd4a82aef6e06d2eda33 8040626ebb0d.pdf

[11] Qatar Museum Authority, *MIA - I.M. Pei*, Assouline, Paris, 2008.

致 谢

这本书的诞生过程中，承蒙下列人士提供数据与图片，特此列明以深表谢意：

Emma Cobb/ Pei Cobb Freed & Partners Architects LLP

Christy Locke/ University Corporation for Atmospheric Research

Anabeth Guthrie/ National Gallery of Art, Washington D. C.

Laura Pavona/ National Gallery of Art, Washington D. C.

Jeff Hagan/ Rock and Roll Hall of Fame and Museum

Akiko Nambu/ Miho Museum

June Muzoguchi/ Miho Museum

Yoko Chikira/ Miho Museum

佐藤修 / 纪萌馆设计室

Ulrike Kretzschmar/ Deutsches Historishes Museum

Samar Kassab/ Museum of Islamic Art

王大闳建筑师提供了贝聿铭度假屋的照片，其间的相关故事值得日后记述，在此向前辈致以谢意。

数据的汇整、文字的输入、图片的扫描，全赖内人朱光慧倾力协助方得以成就本书，她其实是本书的另一位"作者"，特此表达谢意！

出版社同仁们的努力与用心，才能让我与读者们分享这本书，在此致以谢意！

黄健敏

图书在版编目（CIP）数据

贝聿铭建筑十讲 / 黄健敏著 . -- 南京 ：江苏凤凰
科学技术出版社，2019.6
ISBN 978-7-5713-0303-7

Ⅰ . ①贝… Ⅱ . ①黄… Ⅲ . ①贝聿铭（1917- ）- 建筑
艺术 - 研究 Ⅳ . ① TU-867.12

中国版本图书馆 CIP 数据核字 (2019) 第 089798 号

贝聿铭建筑十讲

著　　　者	黄健敏	
项 目 策 划	凤凰空间 / 陈　景	
责 任 编 辑	刘屹立　赵　研	
特 约 编 辑	孙玉烨	

出 版 发 行	江苏凤凰科学技术出版社
出版社地址	南京市湖南路 1 号 A 楼，邮编：210009
出版社网址	http://www.pspress.cn
总 经 销	天津凤凰空间文化传媒有限公司
总经销网址	http://www.ifengspace.cn
印　　　刷	天津图文方嘉印刷有限公司

开　　　本	710 mm×1000 mm　1/16
印　　　张	16.5
版　　　次	2019 年 6 月第 1 版
印　　　次	2024 年 1 月第 2 次印刷

标 准 书 号	ISBN 978-7-5713-0303-7
定　　　价	79.80 元

图书如有印装质量问题，可随时向销售部调换（电话：022-87893668）。